地球空间信息学前沿丛书　丛书主编　宁津生

公众参与式地理信息系统的理论与实践

李如仁　李　玲　刘正纲　著

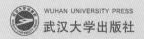

WUHAN UNIVERSITY PRESS
武汉大学出版社

图书在版编目(CIP)数据

公众参与式地理信息系统的理论与实践/李如仁,李玲,刘正纲著. —武汉:武汉大学出版社,2017.6
地球空间信息学前沿丛书/宁津生主编
ISBN 978-7-307-19300-0

Ⅰ.公…　Ⅱ.①李…　②李…　③刘…　Ⅲ.地理信息系统—研究
Ⅳ.P208

中国版本图书馆 CIP 数据核字(2017)第 103856 号

责任编辑:王金龙　　　责任校对:李孟潇　　　版式设计:马　佳

出版发行:**武汉大学出版社** 　(430072　武昌　珞珈山)
(电子邮件:cbs22@ whu.edu.cn 网址:www.wdp.com.cn)
印刷:虎彩印艺股份有限公司
开本:787×1092　1/16　印张:8.5　字数:203 千字　　插页:1
版次:2017 年 6 月第 1 版　　　2017 年 6 月第 1 次印刷
ISBN 978-7-307-19300-0　　　定价:30.00 元

前　　言

1996 年 7 月在美国缅因州奥罗诺镇(Orono)召开的一次 GIS 专题研讨会上, 首次以公众参与式地理信息系统(Public Participation GIS, PPGIS)为主题, 它标志着 GIS 应用于社会科学领域的开始。PPGIS 作为 GIS 领域一个新的研究热点, 近二十多年来在欧美地区发展迅速。PPGIS 的发展源于社会的信息化和民主化进程, 它使公共决策的过程更透明、更公平, 普通民众参与公共决策的渠道也越来越广泛和直接。在公共决策过程中, 基础设施建设、土地利用、环境保护等诸多议题, 都与空间及环境相关。GIS 是空间信息处理的工具, 如何通过 GIS 辅助决策, 使政策制定过程更为开放, 或是让公众直接使用 GIS 来参与决策等, 这些都是 PPGIS 研究所要解决的关键问题。

纵观 PPGIS 的发展历程, 可以概括为两条线索: 一条是城市化和社会民主化进程, 也就是 PPGIS 中的公众参与(Public Participation); 另一条是包括 GIS 在内的信息技术的发展。两条线一开始是平行关系, 后来公众参与的需求和 GIS 等信息技术结合在一起, 在城市规划、土地利用、公共管理等领域逐渐得到应用。从 20 世纪 90 年代开始, 两条线逐渐汇合与交融, 产生了最初的公共参与地理信息系统概念。城市化和社会民主化进程要求更多的民众主动参与到社会经济中来, 而 GIS 等信息技术的发展又改变了传统的参与方式, 提高了参与效率, 它们共同推动了 PPGIS 不断走向深化。到了 2000 年以后, 由原来的零散的案例研究逐渐发展起来, 并开始关注 PPGIS 的相关理论问题, 其应用领域也不再局限于城市规划。

国外尤其是欧美等发达国家在 PPGIS 的理论研究、技术方法探讨和应用实践上都走在了我国的前面, 而且公众参与的民主意识和法律制度等已经不是阻碍 PPGIS 发展的主要因素。但同时应该看到, PPGIS 还有许多问题值得我们去研究。在理论方面, 由于 PPGIS 横跨自然科学和社会科学, 所以涉及的范围很广泛。PPGIS 的理论研究显得很分散, 呈现出各自为战的态势, 没有形成一些集中的研究方向, 学者们更多地是不断地提出一些新问题进行探讨和辩论, 很少在同一问题上达成共识, 如 PPGIS 的定位(一门科学还是一种技术还是一种工具?)、PPGIS 与 GIS 的关系(GIS 的一个分支或它包含了 GIS)、PPGIS 的定义等; 在技术实现上, 很少有人对 PPGIS 涉及的相关技术做一全面的总结; 在应用实践上, 实用型的比较成熟的 PPGIS 比较少。鉴于此, 笔者结合自身的科研实践, 并在学习和借鉴国内外相关研究成果的基础上, 撰写了国内第一本全面介绍和阐述公共参与地理信息系统(PPGIS)的专著。

本书共分 7 章, 可以分成 4 大模块, 其组织结构和章节安排如下。模块一: PPGIS 相关理论, 包含第 1 章。主要介绍研究的背景和意义、历史沿革, 并对国内外有关 PPGIS 的研究加以系统的总结和分析, 相关概念、PPGIS 的定义, 内涵、特征等做出详尽而透彻的分析，并提出 PPGIS 理论体系。这一模块作为本书的理论支撑部分。模块二：PPGIS 相关技术方法，包含第 2 和第 3 章。第 2 章是 PPGIS 的技术组织，或者说是信息技术；第 3 章是 PPGIS 的非技术组织，涉及组织行为学、管理学等若干社会学科。这一模块作为本书的技术支撑部分。模块三：PPGIS 应用，包含第 4 和第 5 章。第 4 章主要是对 PPGIS 应用项目的概述和总结；第 5 章主要阐述 PPGIS 在社区领域的一个应用项目——WebPolis，包括项目的背景、系统设计、功能实现、关键技术等，前几章的内容为本章做了很好的理论铺垫。模块四：PPGIS 总结，包含第 6 和第 7 章。第 6 章阐述 PPGIS 项目评估和评价的方法，第 7 章提出 PPGIS 在实践与伦理方面遇到的挑战以及今后的发展方向。

在本书成书过程中，得到了沈阳建筑大学交通学院、辽宁工程技术大学测绘学院的高度重视和大力支持，武汉大学出版社的编辑对本书的出版倾注了大量心血，在此对他们表示深切的感谢。国内外学者已有的研究成果是本书研究和写作的基础，借此向这些著作的作者致以诚挚的谢意。

由于笔者时间和能力有限，书中难免有疏漏和不足之处，敬请广大读者不吝指正。

作　者

2016 年 9 月

目　　录

第1章　公众参与式地理信息系统概述

1.1　研究背景和意义

20 世纪 60 年代，地理信息系统（Geographic Information System，GIS）的出现极大地增强了人们解决地理相关问题的能力，GIS 在土地覆盖/土地利用变化、资源调查、环境评估、城市规划等领域得到了广泛的应用。然而，GIS 不应仅仅被视为一个解决问题的工具，它的发展如同其他科技一样，都需要经历一个社会化的过程[1]。美国国家地理信息与分析中心（National Center for Geographic Information and Analysis，NCGIA）于 1996 年召开了以"GIS 与社会"为主题的研讨会，会上专家们一致认为"GIS 可以看作是社会体制化的数据处理和图形技术系统，是特定经济、政治、文化和法律环境中的实践行为，它们可以被认为是空间数据机构和社会技术的集成"[2]。美国大学地理信息科学协会（University Consortium for Geographic Information Science，UCGIS）也将"地理信息系统与社会"纳入 10 大长期发展议题[3]。1996 年 7 月在美国缅因州奥罗诺镇（Orono）召开的一次 GIS 专题研讨会上，首次以公众参与式地理信息系统（Public Participation GIS，PPGIS）为主题，它标志着 GIS 应用于社会科学领域的开始[4]。PPGIS 作为 GIS 领域一个新的研究热点，近 20 多年来在欧美地区发展迅速。PPGIS 的发展源于社会的信息化和民主化进程，它使公共决策的过程更透明、更公平，普通民众参与公共决策的渠道也越来越广泛和直接。在公共决策过程中，基础设施建设、土地利用、环境保护等诸多议题，都与空间及环境相关。GIS 是空间信息处理的工具，如何通过 GIS 辅助决策使政策制定过程更为开放，或是让公众直接使用 GIS 来参与决策等，这些都是 PPGIS 研究所要解决的关键问题[5]。

在我国，随着经济的发展和公民素质的提高，人们民主参政的意识越来越强，许多人非常关心社会公共事务的决策，希望对社会公共事务具有参与权和知情权，并参与决策过程。近年来，我国社会民主化的进程明显加快，一些社会决策部门也让公众充分发表自己的意见，从而做出更加客观、合理的决策，而 PPGIS 的出现，无疑为公众参与公共事务搭起了一个信息全面、操作便捷的开放式参与平台。PPGIS 以人为本的特征也决定了基于 PPGIS 做出的决策更加客观合理，具有更广泛的群众基础，增加了决策的可操作性。在贯彻以人为本、全面建成小康社会治国思想的今天，PPGIS 的研究具有重大意义，它有利于调动公众的民主参政意识，促进社会发展。现代技术的人性化与个性化特征，使人类更加尊重以"个人人文经验"为宗旨的伦理观念来规范现代人类的社会行为。一种全社会公众参与的文化或社会现象正在兴起。相对于以专家为中心的 GIS 应用来说，PPGIS 研究的核心问题是 GIS 在民主管理中的角色问题，特别是在有关空间分析的政策制定过程中的角色问题。基于 Internet 的 PPGIS 能够产生一个供公众学习、理解，并致力于管理决策过程的开放、透明的环境。它有助于公众参与决策以及为民众提供一种参与重大社会决策行为的有效方法，进而增强作为社区成员的主人翁责任感和民主意识[5]。

　　本书以美国商务部资助的一个 PPGIS 应用项目——WebPolis（一个在线社区决策支持系统）的开发和组织实施为核心，探讨了 PPGIS 的相关理论问题，建立了 PPGIS 的理论框架，总结其相关技术，并讨论 Web 和 GIS 在 WebPolis 中的角色以及如何辅助公众参与社区的规划，同时指出 PPGIS 在实践和伦理方面遇到的挑战以及未来的发展趋势。

1.2　PPGIS 的发展透视

　　从 PPGIS 概念的提出到现在不过 20 年左右的时间，然而在这段时间里，PPGIS 受到了前所未有的关注，特别是欧美发达国家，政府重视，大学和科研院所的研究热情很高。20 多年来，从基础理论、相关技术到具体应用，PPGIS 的研究范围横跨自然科学和社会科学，不断有新的理论产生。然而，任何一项新技术或一个新学科的产生都不是凭空出现的，它必然会体现某些社会的需求，是一个历史的过程[5]。

　　PPGIS 的产生最早可以追溯到 20 世纪 60 年代的美国城市改造运动，笔者以此为起点，总结 PPGIS 发展进程中的主要标志性事件（见表 1-1），包括相关的会议、期刊专刊、著作、重要概念、理论、技术的提出和应用等。

表 1-1　　　　　　　　　　　　　　　　**PPGIS 的发展历程**

年　代	事件或活动
20 世纪 50 年代末至 60 年代初	计算机技术逐渐得到应用[6]
1960 左右	美国兴起广泛的城市改造运动，公众开始有意识地影响和干预城市规划[7]
1967	世界上第一个真正投入应用的地理信息系统由联邦林业和农村发展部在加拿大安大略省的渥太华研发。罗杰·汤姆林森博士开发的这个系统被称为加拿大地理信息系统（CGIS），他本人也被尊称为"GIS 之父"[6]
1969	Amstein 在分析了大量美国的城市改造运动之后，提出了著名的"公众参与阶梯理论"[8]
1969	美国环境系统研究所公司（Environmental Systems Research Institute, Inc.，简称 ESRI 公司）成立，其发布的 ARCGIS 系列产品在当代已经逐渐成为行业标准
20 世纪 70 年代	欧洲新社会运动（也称"多元化运动"）——现代公众参与运动的开始[7, 9-12]。计算机发展到第 3 代，发达国家涌现出大量实用型地理信息系统[6]
1974	Willeke 提出公众参与的概念[13]
1977	Sewell 和 Coppock 对 Public 做出界定[14]

年　代	事件或活动
20 世纪 80 年代	计算机发展到第 4 代，地理信息系统进入普遍发展和广泛应用阶段；GIS 开始用于解决全球性的问题，如全球的沙漠化、厄尔尼诺现象及酸雨、核扩散对世界环境潜在的影响等[6]
1987	美国成立国家地理信息与分析中心（NCGIA）[6]
20 世纪 90 年代	GIS 进入用户时代，应用领域不断扩大、应用水平不断提高；几乎同时，也产生了关于 GIS 与社会的大讨论[6]
1992	Goodchild 提出地理信息科学（Geographic Information Science）的概念[6]
1993	1993 年 NCGIA 资助的 workshop，主题：地理信息与社会，会后 *Special Issue of Cartography and Geographic Information Systems* 期刊专刊发表 GIS 和社会专题（1995 年）[15, 16]
1994. 12	GIS 与社会专著发表（*Ground Truth：The Social Implications of Geographic Information Systems*）[17]
1995	国际 GIS 与地图学学术刊物《地图学与地理信息系统》于 1995 年专门出版了一期 "GIS 与社会" 的专刊，将 1993 年 NCGIA 资助的 "地理信息与社会" 研讨会中有代表性的文章集中发表[15, 16]
20 世纪 90 年代中期	美国的 Maine 大学的学者在组织一个关于如何促进非政府组织及个人应用 GIS 系统的研讨会时，Xavier Lopez 建议用 "公众参与式"（Public Participation）作为研讨会的标题[18]。PPGIS 的提法由此产生
1996	北美提出了 GIS 与民主的问题[19]
1996—1997	WebGIS 蓬勃发展起来，多家公司推出基于 Internet 的 GIS 产品，如 Internet Map Server、MapGuide、MapInfo ProServer 等[6, 20]
1996. 3	National Center for Geographic Information and Analysis（NCGIA）正式启动第 19 号研究计划 "人、空间和环境如何在 GIS 中表达及其对社会的影响" Initiative 19：The Social Implications of How People, Space, and Environment are Represented in GIS[21]
1996. 3. 2—1996. 3. 5	在美国明尼苏达州召开 NCGIA 第 19 号研究计划专家会议[4]
1996. 7	在美国缅因州召开的一次研讨会，讨论主题由 "GIS/2" 转变为 "公众参与 GIS"[4]
1996	著名的《国际地理信息系统杂志》正式更名为《国际地理信息科学杂志》[22]
1996	美国大学地理信息科学联盟提出了地理信息科学的十大前沿领域，其中就有 GIS 和社会[3]
1997. 2	瓦伦纽斯项目是 NCGIA 资助的为期三年的地理信息科学基础研究计划（1997. 2—2000. 2），项目名称是为了纪念德国著名地理学家瓦伦纽斯（Bernhardus Varenius，1622—1650）。该项目支持三大研究领域，分别是地理空间认知模型（Cognitive Models of Geographical Space）、表征地理学概念的计算方法（Computational Methods for Representing Geographical Concepts）和信息社会的地理学（Geographies of the Information Society）[22]

续表

年　代	事件或活动
1997	GIS 大学联合会在 1997 年缅因州巴港举办的一次会议，提议将 PPGIS 纳入瓦伦纽斯研究计划（Varenius initiative）[15]
1995—1998	在 Minnesota 大学和 Maine 大学又分别举行了几次相关内容的学术讨论会，经过几次学者的集中讨论，最终形成了公众参与式 GIS 的研究方向，并且各方学者达成一致看法，认为 GIS"不仅仅是一个用来将地理信息翻译成用地图来表示模式和关系等特征的工具"。实际上。GIS 的发展，也可以说任何一项技术的发展，都是一个"社会的过程"[16]
1998.1	美国副总统戈尔于 1998 年 1 月在加利福尼亚科学中心开幕典礼上发表的题为"数字地球：认识 21 世纪我们所居住的星球"演说时，提出的一个与 GIS、网络、虚拟现实等高新技术密切相关的概念[23]
1998	在美国国家地理信息与分析中心（National Center for Geographic Information and Analysis，NCGIA）于 1998 年举办的 Varemius 计划会议中，许多学者针对"赋权，边缘化与公众参与地理信息系统"进行了一系列的讨论[24, 25]
1998	英国利兹大学地理学院计量地理中心（CCG）同时采用 WebGIS 和传统两种公众参与方式对约克郡 Slaithwaite 地区进行规划[16, 19, 26]
1998	美国伊利诺斯大学 AI-Kodmany 助教领导的工作组对芝加哥 Pilsen 社区进行了规划设计工作[26, 27]
1998	国际期刊《地图学与地理信息系统》（Cartography and Geographic Information Systems）出专刊，主题为"PPGIS 的发展"[25, 28]
1999	北美提出与空间分析有关问题的政策制定[29]
2001	意大利斯波莱托市举行"使用地理信息获取和参与方法研讨会"[25]
2001	Cartographica 期刊出专刊，主题为"PPGIS"[25, 28]
2001	Environment and Planning B 期刊出专刊，主题为"Web-Based PPGIS"[25, 28]
2002	第一本 PPGIS 的专著《社区参与与地理信息系统》（Community Participation and Geographical Information Systems）正式出版，它是对 1998 年美国 NCGIA 的 Varemius 计划会议成果的总结[28, 30]
2002	第一次 PPGIS 年会在美国新泽西州举行[25, 28]
2002	美国商务部提供 241185 美元资金赞助东密歇根大学，用于开发社区规划和决策系统-WebPolis 的工作原型
2003	城市与区域信息系统协会会刊连续出版两期专题"使用地理信息系统的获取和参与方法"[25, 28]
2003	第二次 PPGIS 年会在美国俄勒冈州波特兰州立大学举行[31]
2004.7	第三次 PPGIS 年会在美国威斯康星麦迪逊分校举行[31]
2005.7	第四次 PPGIS 年会在美国俄亥俄州克里夫兰州立大学举行[31]

年　代	事件或活动
2005	肯尼亚内罗毕市召开"制图带来变革"会议[25]
2005	Google 公司推出基于 Internet 的免费三维 GIS 产品 Google Earth（http：//earth.google.com/）
2006.09	第五次 PPGIS 年会在加拿大温哥华举行，从该届开始，作为 URISA 年会的分会召开；参会者约 50 人[31]
2007	PPGIS 会议在美国华盛顿特区举行，会议主题：PPGIS 理论和背景、PPGIS 与总体规划、PPGIS 与健康、PPGIS 在校园/公园规划中的应用、PPGIS 服务于环境管理[31]
2007	Goodchild 提出 VGI 概念，公众成为"传感器"，依靠网络主动贡献地理数据[32]
2008	2008 年 PPGIS 会议（2008.10.07—2008.10.09，美国新奥尔良）主题：新技术对 PPGIS 的增强、PPGIS 在选举中的实践、利用 PPGIS 进行自动政策分析[31]
2010	第二本 PPGIS 的专著《地理信息科学与公众参与》（*Geographic Information Science and Public Participation*）正式出版，主要侧重 PPGIS 在城市规划领域的应用[33]
2012	城市与区域信息系统协会会刊出版专刊，主题为"PPGIS Issue"

　　20 世纪六七十年代，美国开始大规模的城市改造运动，欧洲也兴起新社会运动，这一时期多位社会科学的学者对"公众"、"参与"、"公众参与"等概念做出过精辟论述，如著名的"公众参与阶梯理论"，同时社会的民主化进程也在加速；另一方面，随着计算机技术的不断成熟，第一个应用型的地理信息系统——CGIS（加拿大地理信息系统）于 1967 年正式运行，随后发达国家涌现出大量实用型地理信息系统[6]。1980 年代，计算机发展到第 4 代，地理信息系统进入普遍发展和广泛应用阶段，并开始用于解决全球性的问题，如全球的沙漠化、厄尔尼诺现象及酸雨、核扩散对世界环境潜在的影响等，美国国家地理信息与分析中心（National Center for Geographic Information and Analysis，NCGIA）也在 1987 年正式成立[6]。至 80 年代末期，已有学者注意到关系 GIS 成败的制度和管理问题的重要性以及 GIS 应用过程中可能出现的社会、政治、道德伦理等问题[15]。到 90 年代，GIS 与社会的讨论和批判越来越激烈，GIS 与公众参与、授权、民主化、边缘化、善政等问题成为争论的焦点。1993 年召开了由 NCGIA 资助的主题为"地理信息与社会"的研讨会，会议成果在期刊《地图学与地理信息系统》（*Cartography and Geographic Information Systems*）上以专题形式发表。1994 年，GIS 与社会的专著 *Ground Truth：The Social Implications of Geographic Information Systems* 正式发表。在这样的大背景下，NCGIA 于 1996 年正式启动第 19 号研究计划（Initiative #19）：人、空间、环境如何在 GIS 中表达及其所带来的社会影响。同年 3 月在明尼苏达州召开的专家会议上，公众参与地理信息系统一词被正式提出。1998 年举办的瓦伦纽斯（Varemius）研究计划专门会议中，许多学者针对"授权，边缘化与公众参与地理信息系统"进行了一系列的讨论。同年，期刊《地图学与地理信息系统》再次以专题形式发表 PPGIS 相关的论文。与此同时，20 世纪 90 年代的 GIS 在理论、技术等方

面也取得重要进展，1992 年 Goodchild 提出了地理信息科学的概念，1996 年著名的《国际地理信息系统杂志》正式更名为《国际地理信息科学杂志》，1998 年美国副总统戈尔提出"数字地球"战略。随着计算机技术、信息技术的高速发展，组件式 GIS、WebGIS、三维 GIS、移动 GIS、云 GIS 等不断涌现，2005 年 Google 公司推出免费的 Google Earth 网络三维地理信息软件，极大地推动了 GIS 走向大众的步伐。2007 年 Goodchild 提出"志愿地理信息"（Volunteered Geographic Information，VGI），公众成为"传感器"，通过网络主动贡献地理数据。再者，2002 年第一本 PPGIS 专著——《社区参与与地理信息系统》（*Community Participation and Geographical Information Systems*）正式出版，同年第一届 PPGIS 年会在美国新泽西州举行，之后连续举办了三届，2006 年开始作为 URISA 年会的分会召开。2010 年第二本 PPGIS 专著——专著《地理信息科学与公众参与》（*Geographic Information Science and Public Participation*）正式出版。2012 年城市与区域信息系统协会会刊出版专刊，主题为"PPGIS 议题"。

纵观 PPGIS 的发展历程，可以概括为两条线索：第一条是城市化和社会民主化进程，也就是 PPGIS 中的公众参与（Public Participation）；另一条是包括 GIS 在内的信息技术的发展，两条线一开始是平行关系。最终，公众参与的需求和 GIS 等信息技术结合在一起，在城市规划、土地利用、公共管理等领域逐渐得到应用。从 20 世纪 90 年代开始，逐渐汇合与交融，产生了最初的公共参与地理信息系统概念。城市化和社会民主化进程要求更多的民众主动参与到社会经济中来，而 GIS 等信息技术的发展又改变了传统的参与方式，提高了参与效率，它们共同推动了 PPGIS 的不断深化。到了 2000 年以后，由原来零散的案例研究逐渐发展起来，并开始关注 PPGIS 的相关理论问题，PPGIS 应用领域也不再局限于城市规划。本章仅从理论探索、技术与组织和应用实践三个方面进行简述，更多内容详见后续各章节。

理论探索层面：①研究什么是"公众"[34-36]、什么是"参与"[8,37-39]，什么是"公众参与"[40]；②探讨公众参与和授权（赋予权力）以及民众边缘化的关系[41,42]、网络空间的民主问题[27]，关注公众参与和"善政"之间的关系[43,44]；③讨论 VGI 和公众参与的关系[45-48]；④分析采样方案对结果的影响[49]、PPGIS 的评估评价方法或体系[50-56]；⑤ PPGIS 的定义和学科性质等[4,15,25,57-59]。

技术与组织层面：①强调公众意见和空间信息的表达，如城市规划与设计中的可视化展现[60]、自下而上的分组表达[61]、可持续发展区域制图的方法论[62]、地理信息辅助决策的运行框架[63]、设计以用户为中心的交互界面[64]、空间信息管理[65]；②关注互联网等信息技术的使用[66-71]；③聚焦抽样或采用方法[46,72]；④构建评价 PPGIS 项目的定量指标[73,74]。

应用实践层面：① PPGIS 在城市规划领域是应用最早的也是最广泛的[44,61,69,75,76]；②其次是土地利用[77-80]、资源环境[53,81-83]、公共管理[44,82]、海洋管理[84-86]；③再到近年来比较热门的旅游管理[87,88]、生态系统服务与保护[62,89]、公众健康[90-92]、灾害应急[93,94]等领域。地域范围也从城市扩展到乡村，从陆地扩展到海洋。

在我国，PPGIS 的研究起步较晚，2000 年以后才陆续出现一些零散的研究。①探索 PPGIS 在城市规划领域应用的可能性。张峰等（2002）认为在城市规划中可以借鉴西方的经验将 GIS 技术逐步应用于我国的公众参与工作，"具体可在确定发展目标和规划方案优选两个阶段应用"[26]；阮红利（2003）认为城市规划过程中的公众参与分为"以公众讨论和发表意见反馈为主的决策方案征集阶段"和"以专家评估方案选优为主的决策方案生成阶段"两个阶段，PPGIS 的体系结构包含数据层、中间层、展示层和用户层，并以龙海市石码镇为例，设计和开发出参与式土地利用规划原型系统[16]；周江评与孙明洁（2005）总结了城市规划、发展决策中的公共参与，在此基础上提出了 6 点认识[7]。②关注原住民的参与。蔡博文等（2002）运用参与式地理信息系统于原住民传统领域知识的建构，结果发现地理信息系统符合建构原住民传统领域知识的重要精神——历史、文化、社会及技术过程[95]；林俊强等（2005）通过对泰雅族司马库斯案例的研究，认为地理信息系统能够促进司马库斯部落在自觉、参与、能力与资源上的赋权[24]。③相关理论探讨。何宗宜和刘政荣（2006）对 PPGIS 的理论框架进行了研究并提出了我国开展这项工作的设想和建议[19]；李如仁（2007）构建了 PPGIS 的理论体系框架，并研究了一个实用型的 PPGIS 项目——WebPolis[5]。④相关技术方法研究。柳林等（2007）提出了一种基于图形的参与技术——IDM 技术，阐述了基于图形的参与技术的数学原理——convex hull 理论，构建了 IDM 技术在 PPGIS 中的应用模式[96]。谭玉敏等（2008）揭示了公众参与 GIS 中空间信息服务模型的本质特征，并基于 ArcIMS 和 ArcSDE 开发了可以满足实时空间数据处理的扩展空间数据引擎[97]。⑤近年来，PPGIS 的应用领域不断扩展。杨潇与张玉超（2009）提出了将 PPGIS 应用于环境规划公众参与的基本思路和组织实施方法[98]；吴微微（2009）采用了 .NET 平台，C#、ASP 作为开发语言，基于 Aspmap for. Net 开发了西安市阎良区 WebGIS 防震减灾信息管理与辅助决策系统[99]；王晓军与宇振荣（2010）归纳出参与式规划情景下的 PGIS 社区制图方法，并简要分析了运用途径、效果及其存在的问题[100]；曾兴国等（2013）设计并实现了一个公众参与式的在线地图制图服务原型系统，并将其应用于深圳基础空间信息平台相关项目[101]；匡吴楠（2011）借助南通经济技术开发区的例子，设计了一个基于 PPGIS 的规划环评中公众参与的系统，并进行了界面和过程应用展示[102]；李晓燕等（2014）开发了基于 GIS 的土地利用总体规划仿真展示平台，其中二三维一体化、仿真规划全景展示、动态规划展示、历史数据对比展示等是亮点[103]；高方红与侯志伟等（2016）将震害信息分为 4 大类，设计并实现了基于 PPGIS 的大众地震灾情信息服务平台原型系统[104]。

综上所述，国外尤其是欧美等发达国家在 PPGIS 的理论研究、技术方法探讨和应用实践上都走在了我国的前面，而且公众参与的民主意识和法律制度等已经不是阻碍 PPGIS 发展的主要因素。但同时应该看到，对于 PPGIS 而言，还有许多问题值得我们去研究。在理论方面，由于它横跨自然科学和社会科学，所以涉及的范围很广泛。目前 PPGIS 的理论研究显得很分散，呈现出各自为战的态势，没有形成一些集中的研究方向，学者们更多的是不断地提出一些新问题进行探讨和辩论，很少在同一问题上达成共识，如 PPGIS 的定位（是一门科学还是一种技术或是一种工具？）、PPGIS 与 GIS 的关系（PPGIS 是 GIS 的一个分支还是 PPGIS 包含了 GIS？）、PPGIS 的定义等；在技术实现上，很少有人对 PPGIS 涉及的相关技术做一个全面的总结；在应用实践上，实用型的比较成熟的 PPGIS 比较少[5]。

1.3 PPGIS 的内涵解读

1.3.1 公众(Public)

为了理解 PPGIS 中的"公众",我们提出这样的问题:谁是公众?谁来选择公众或谁有权利选择公众?如何筛选或抽样?前两个问题的社会性、政治性更强,第三个问题更强调技术方法、公众的代表性。明确这三个问题,才能更好地理解参与的对象,进一步研究与设计与之相适应的参与和组织方法,明确 GIS 在整个过程中的作用。

1. 公众的范围界定

首先要弄清公众范围,在考虑这一名词时,我们需要仔细区分汉语环境下意义相近、容易混淆的 8 个名词,这里简称"四民四众"。"四民"是指居民、国民、公民、人民;"四众"是指公众、群众、大众、民众。

居民:居住在一国境内并受该国管辖的人。其中既包括本国公民,也包括外国人、无国籍人、双重或多重国籍人,但享有外交豁免权者除外。基于国家主权的原则,一国不仅有权管辖本国境内的本国公民,而且有权管辖本国境内的其他居民,即在国际法允许的范围内规定其法律地位及权利和义务。同时,居民也是中国实行个人身份证制度时对全体公民的称谓。根据规定,每一个中国公民都必须办理居民身份证。中国大陆居民身份证共18 位,其中前 6 位是地址码,表示编码对象常住户口所在县(市、旗、区)的行政区划代码。

国民:具有某国国籍的人,是这个国家的国民。国民一词在中华人民共和国法律上首次用于新中国成立初的《中国人民政协会议共同纲领》。后来随着法制的发展,遂于 1957年的《中华人民共和国全国人民代表大会和地方各级人民代表大会选举法》中,用公民取代了国民;如今则更多地与"经济"一词同时使用,另外在文学、艺术作品中仍有使用。

公民:具有或取得某国国籍,并根据该国法律规定享有权利和承担义务的人。《中华人民共和国宪法(2004 修正本)》明确指出:"凡具有中华人民共和国国籍的人都是中华人民共和国公民。中华人民共和国公民在法律面前一律平等。国家尊重和保障人权。"在我国,是否具有中华人民共和国国籍主要依据出生地原则,《中华人民共和国国籍法》第四条指出:"父母双方或一方为中国公民,本人出生在中国,具有中国国籍。"公民虽然是国家成员,但并非所有国家的成员都是公民,公民是具有平等的权利义务的国家成员,是国家的主人。所以在现代民主国家,当我们强调一个人是某个国家成员时,称他为国民;当强调其政治法律地位时,称其为公民。如今我们每个人一出生就有了公民资格,国民与公民身份重合为一,这是现代人类政治进步的成果。

人民:在有阶级的社会中,与敌人相对的社会基本成员。《中华人民共和国宪法(2004 修正本)》规定:"中华人民共和国的一切权力属于人民。人民行使国家权力的机关是全国人民代表大会和地方各级人民代表大会。人民依照法律规定,通过各种途径和形式,管理国家事务,管理经济和文化事业,管理社会事务。"在阶级社会的不同历史时期,由于各国的社会形态、阶级结构以及历史发展的具体情况不同,它包括不同的阶级、阶层和社会集团。如在中国抗日战争时期，一切抗日的阶级、阶层和社会集团，都属于人民的范围；在解放战争时期，一切反对帝国主义和官僚资产阶级、大地主阶级以及代表其利益的国民党反动派的阶级、阶层和社会集团，都属于人民的范围；在社会主义建设时期，全体社会主义劳动者、拥护社会主义的爱国者和拥护祖国统一的爱国者，都属于人民的范围。

"四民"中，按照实际包含范围大小，依次为居民、国民或公民、人民；从学科范畴看，公民着重强调法律概念，人民强调其政治概念；居民和国民兼有法律和社会概念，但没有公民、人民的定义严格；公民和居民强调个人，比如哪个公民、哪一位居民，但人民一词更强调集体或整体性，我们不能说某个或某位人民，可以说"人民的愿望"、"得到广大人民的支持"、"代表广大人民利益"。

再来看"四众"。"众"字从最早的甲骨文、小篆到如今的简化字，在字形上都有三个人，其意不言自明，表示许多人。因此，"四众"不同于"四民"，均强调整体性，均为泛指。四民中的"人民"与四众里的"群众"、"大众"经常搭配，其含义与"民众"近乎相同，或者说"民众"是它们的缩略语。"群众"概念在我们的政治生活中更为流行，但它并不是一个规范的法律概念。也就是说，在现代民主政治生活中，或在法律上，并没有确认一个被称为"群众"的社会群体，使其与其他群体有不同的权利义务。在当前的政治生活中，人们习惯于用它来指不担任国家公职的公民，是与干部（官员）相对的社会群体，或泛指没有加入中国共产党、中国共产主义青年团等组织的人。"大众"一词，常泛指分布在广大范围内，没有固定组织形态的非特定多数的人群，在心理学、教育学、地理学等领域应用较多。"公众"一词具有更多的社会学意义，指对一个机构的目标和发展具有现实或潜在的利益关系和影响力的所有个人、群体和组织。他可以是有外国国籍的居民、原住民，也可以是政府、非政府组织、普通群众或大众。

在 PPGIS 中，可以认为"公众"有两类：在各类团体中起组织作用的实际的人（如决策者）或组织者选定的人。这里前者更受关注，因为"知道公众是谁"有助于合理确定 PPGIS 项目的背景，不把公众的角色看作是一成不变的也很重要，按照这种观点，政府官员既是组织者，又可作为在其他决策中潜在的参与者[40]。

关于公众参与中的"公众"，许多学者提出这样的疑问："应该让谁参与进来？"[34-36]可惜这个问题没有确切的答案或者说回答是模糊的。Sewell 和 Coppock（1977）认为：那些对目标感兴趣的人应该被包括在决策过程中，确认"公众是谁"取决于特定的过程，在公众参与过程中确定参与者的范围是最基本的要求，与目标的类型和希望达到的结果有着明显的联系[14]。

PPGIS 中的公众大致分为以下三类：

①受决策或项目影响的人[5]。Sanhoff（2000）称受决策结果影响最大的人应该在决策中有更大的发言权[105]。尽管应该告知一般公众，使其有参与的机会，但那些受决策影响最大的人应有最高级别的参与程度，Stakeholder 的定义是那些受组织的活动影响的团体或个人[106]。

②对决策或项目来说，那些拥有重要知识和信息的人[5]。参与的公众应包括技术专家[105]，如果这个过程有技术组件的话，这些人可能会提供数据收集方面的帮助或提供必

9

要的信息。一般来说，公众参与应该包括这样的参与者，他们能提供对解决问题有帮助的信息[36]。

③有能力影响或影响决策结果或项目实施的人[5]。Thomas（1995）描述的公众成员是"具有影响项目实施和决策能力的人"[36]。Mitchell 等（1997）描述 Stakeholder 是那些拥有权力的人，这些人有潜力帮助或隐瞒一个组织达到它们的目标[107]。Jackson（2001）对 Stakeholder 的定义也包括那些能影响"组织活动"的人[106]。

这些学者关于公众参与中的"谁"的回答确实给公众范围的界定提供了更多的信息。然而，与识别一个单一的、静态的公众集合相比，让这些公众参与进来显然需要付出更多的努力。例如，相关公众或管理者的组成可能变化[107, 108]；公众可能有不同的地域、经济、专业、社会或政治背景[109]，与决策相关的公众的范畴根据机构目标要求及关心程度的不同而不同[36]。Aggens（1983）指出一些潜在的困难："没有单一的公众，相反，公众有不同的层次和等级，要根据他们的兴趣和能力的不同来划分。"[108]很明显，如果有着 PPGIS 观点的规划人员、政策制定者要求更具体的事例，那么，在决策或项目实施过程中要有效地包含广泛的人群[5]。

有一种确定相关公众的办法是通过筛选过程来定义。例如：Rietbergen McCracken 和 Narayan Parker（1998）描述了一个管理者通过以下 5 个问题的回答确定公众的范围[110]。

①谁是潜在的受益者？
②谁可能受到负面的影响？
③是否确定了弱势群体？
④是否确定了支持者和反对者？
⑤管理者之间的联系是什么？

对这些问题的回答促使决策者深入地思考，谁应该参与其中。Willeke（1974）认为确定相关公众有三个途径：自我选择、工作人员选择和第三方选择[13]。自我选择包括那些通过诸如公众听证、写信给官员的方式选定他们自己。工作人员选择包括所有内部技术人员，可能由他们来选定公众，如通过地理人口统计学或历史的分析。工作人员也可能主持一个用户调查或向其他机构咨询。第三方选择选定参与者的方法是向感兴趣团体的成员和代表询问，哪些人能够或应该参与进来[13]。

Thomas（1995）用一个公众参与的有效决定模型来描述公众，关注公众决定的可接受性，相关公众被确定为那些对拥有相关背景知识的人和有能力影响决定实施的人。这些相关公众被进一步分成三类：①一个有组织的团体；②多个有组织的团体；③无组织的公众或复杂人群[36]，尽管如此，如果他们不符合前面提到的标准之一，Thomas 对可接受性的关注可能减少公众的相关团体。例如，受到一个特定的决策影响的团体可能正好是相关决策过程的管理者，但他不可能包含在有效决策模型中[36]。

Aggens（1983）提出了另一种公众分类方法，主要基于两个因素：①公众投入解决这个问题的时间、兴趣和精力的不同；②机构投入方便他们参与的资助和资源的相应数量。在这个模型中，漠然者、观察者、关注者、建议者、创建者和决策者之间是有差别的，如图 1-1 所示。Aggens 将这些公众分组到不同的具体的圆中，核心圆代表最终的决策者，最外层的圆代表漠然者[108]。

Aggens 采用不同的方式详细描述了每个圆的特征，如位于核心圆的决策者意味着参与者和组织者均需投入更多的精力，而"漠然者"说明只需要参与的领导人和参与的公众进行单向的交流。这个模型的一个重要特征是：它是动态的，公众可以在给定的特定环境下在任何时间改变它的"轨道"。这个模型与 Thomas(1995) 提出来的分类法相似，因为它们都关注时间、兴趣和精力的投入，这样做可能忽略了某些公众，他们有权参与，但被排除在参与者之外[5]。

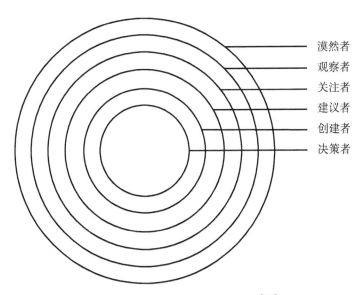

图 1-1　Aggens 的公众同心圆模型[108]

Mitchell 等(1997)提出了一个复杂的管理者分类法，描述了管理者的三个主要属性：权力、合法性和紧急程度[107]。权力定义为一种社会角色的人要求另一种社会角色的人做那些他们不想做的事情的能力；合法性是感觉或假设整体行为是需要的；紧急程度是一个管理者宣称的紧急程度，这些属性用来勾勒出如图 1-2 所示的管理者拓扑图[5]。

这个图展示了三个主要区域，一是中心区域，管理者占有所有权力、合法性和紧急程度三个属性，人们通常认为这些管理者拥有很高的地位，被称为"确定的管理者"。第二个区域的管理者占有两个属性，他们具有适中的地位，被称为"期待的管理者"，强调当环境变化时，他们很容易移动到其他区域。第三个区域是那些"潜在的管理者"，他们占有一个属性，地位较低[107]。

Creighton(1983)研制了一系列的方法以确定受影响的公众[109]，包括：

①地理位置：一个团体居住在项目实施地区附近；

②经济：对某些人有利，另一些人将受损失；

③用途：一个项目或政策可能限制了某些人利用资源或设施；

④社会：一个项目或政策可能对当地的社会风俗或文化产生影响，或可能很大程度上改变这一社区的人口状况；

⑤价值：一个团体可能受影响，仅从行为与其产生的价值之间的联系的角度（如枪支

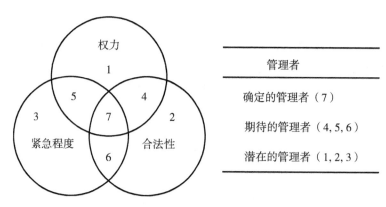

图 1-2　Mitchell 的"管理者"拓扑图[107]

管制）。

2. 公众架构比较

学者们给出了不同的公众架构，表 1-2 展现了上述公众概念的比较，分为两个部分：分类类型和公众选择类型。在分类类型中，可以构想公众是具有不同方法途径、共享的统一体。范围从一种密切关注的、数量很少的公众概念到无一定倾向的公众的概念。选择公众的不同模型，遵循各自不同的标准，范围从熟悉问题、项目或决策的非常确定的公众，到不太明显的仅有所接触的公众。从利用 PPGIS 要达成的目标角度来说，必须很清楚公众是谁，因为怎样选定公众与可能达成的一系列目标和结果有关，更具体地讲，清楚公众是谁，可以更容易地使他们参与到 PPGIS 项目中。例如，决策者通常是一个必须参与到规划或决策过程的团体，既不是那些有合法权利的政府官员，也不是那些处理特定问题的社区领导人。"参与决策"比"决定公众是否参与到决策过程"显得更重要，公众的类型需要根据公众参与过程所要达到的目标和结果来具体确定[5]。

表 1-2　　　　　　　　　　　　　　　　"公众"概念的比较

学者	研究范围	公众的筛选	
		关注人群	非关注人群
Aggens	精力和兴趣、时间和资源权力、合法性和紧急程度、组织的复杂性	决策者	漠然者
Mitchell 等		确定的管理者	潜在的管理者
Thomas		一组公众	复杂的公众
Willeke	相关的公众	自我选择	第三方选择
Creighton	受影响的公众	空间上邻近	按价值排列

总而言之，在 PPGIS 中公众具有明显的地域性和公共性特征，强调在某一地理范围内与某一公共事件或活动中有直接或潜在利益关联的所有人的集合，即便是职业科学家从

事的科研活动，其核心也在于公共利益的实现，而不仅仅是学者的个人兴趣。可以说，PPGIS 中的公众范围是以"问题"或"过程"为导向的。同一地域范围，项目关注和解决的问题不同，其包含的公众也会有较大差异。同时，我们也应注意公众在种族、语言、性别、年龄、阶层、职业、收入、宗教信仰、学历、知识结构等方面的差异性，这些差别会影响公众抽样设计、组织管理方法、GIS 技术实现方法等诸多环节，需要引起足够重视。无论公众的范围如何界定，可以肯定的一点是，他们都是 GIS 技术普及化的受益者。

1.3.2 参与(Participation)

对于"参与"一词，我们提出这样的问题：参与的目的是什么？参与的程度或强度如何？参与的形式如何？本书将依次回答。

1. 参与目的

表 1-3 列举了 4 种参与理论的特征，分别是权力导向[8]、管理导向[82]、冲突解决导向[39]和规划过程导向[38]。导向不同，对 PPGIS 项目的目标和结果也会产生影响。例如，PPGIS 是否应贯穿于规划过程的始终，是否应该相信 PPGIS 作为增加民众权力和掌控决策的一个方法，PPGIS 是否应该是冲突解决——用可视化的语言在采取强硬策略之前(如诉讼)将问题解决[5]。

表 1-3   公众参与目的的比较

作者	导向	阶梯(由低到高)
Arnstein	权力导向	操纵→民众自主掌控
Wiedemann 和 Femers	管理导向	教育→共同决策
Conner	冲突解决导向	教育→阻止
Corcey 等	规划过程导向	告知→全过程参与

2. 参与级别

一般来说，"参与"有两种主要的方式：一是针对特定事务的个人参与；二是广泛的参与，这里主要讨论后者。"参与"的界定关注的是将"参与"作为规划或决策方法的目的，许多人都熟悉 Arnstein 的民众参与梯阶理论(见图 1-3)，他将参与框架构建在民众权力的基础上，把民众参与定义为民众权力的再分配，这个模型的中心原则是围绕参与来增加民众权力的相对等级，8 个民众参与等级相应于从"操纵民众意愿"到"民众自主掌握"8 个不同的阶梯[8]。"参与梯度"也分成三组，代表不同的参与度，分别是"无参与"、"象征性参与"和"完全参与"。很显然，Arnstein 的梯阶理论建立在从"操纵"到"民众自主"的基于权力的公众参与[5]。

Wiedemann 和 Femers(1993)提出了另一种民众参与的梯阶理论，他们认为，公众参与的范围是从"公众知情权"到"公众参与最终的决策"[82]，如表 1-4 所示。这一理论与 Arnstein 理论的不同之处在于：他们更关注在大型政府机构的管理中发现公众参与的概念。在这种情况下，虽然公众和参与的组成通常不确定，但公众通常有参与决策过程的需

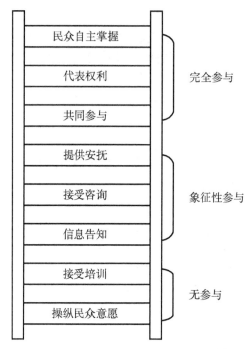

图 1-3　Arnstein 的公众参与阶梯理论[8]

求。因此，政府机构会为公众提供相关的数据，从政府内或政府外找一些专家磋商，帮助设计和制定新的政策——一个独特的、有代表性的基于管理的公众参与模式[5]。

表 1-4　　　　　　　　　　　　　　　　　公众参与的阶梯比较

Arnstein （1969）	Wiedemann 和 Femers（1993）	Dorcey 等（1994）	Conner（1998）	说　明
完全参与阶段 ● 民众自主掌控 ● 代表权利 ● 共同参与 **象征性参与阶段** ● 提供安抚 ● 接受咨询 ● 信息告知 **无参与阶段** ● 接受培训 ● 操纵民众意愿	● 公众参与最终决策 ● 公众参与风险评估和推荐解决方案 ● 公众参与确定利益相关人和议程 ● 公众反对权 ● 告知公众 ● 公众知情权	● 全过程参与 ● 寻求共识 ● 提出观点，寻求建议 ● 质询 ● 确定问题 ● 收集信息和观点 ● 教育 ● 告知	**领导者** ● 解决/阻止 ● 诉讼 ● 调解 ● 共同规划 **普通民众** ● 磋商 ● 信息反馈 ● 教育	公众参与程度由高到低排列

　　与 Wiedemann 和 Femers 相似，Dorcey 等（1994）构建了一个公众参与框架，从告知公

众到公众和决策者参与整个过程[38]（见表1-4）。Dorcey 的方法不仅仅关注有差别的、单一的公共参与途径[5]。沿着阶梯，从问题的一般公告到更多地参与一系列的事务，这是一个不断递进的过程，在这种方式下，Dorcey 意识到公众参与的性质，在个人决策过程中可以改变，某种公众参与途径可能在过程开始时是必需的，而其他的公众参与方法可能更合适成最终目标[5]。

Connor(1998)在他的民众参与新梯阶理论中，构建了以"预防和解决公众冲突"为导向的理论框架[39]。在这个阶梯中，公众参与采用的解决冲突技术范围从一般公众的教育到领导者可以采取的解决措施（见表1-4），阶梯的其他等级包括磋商、调解和诉讼等，暗指决策具有天然的敌对性，公众可以用各种参与方法解决争论。不同于 Arnstein 的民众权力框架和 Wiedemann、Femers 的以政府为导向的公众参与管理框架，Connor 的阶梯理论强调在公共政策决策过程中避免或解决争端来实现民众参与[5]。

Weiner 等(2002)在 Wiedemann 和 Femers(1993)的理论基础上做了一些修改，"参与"第4级增加了"参与相关角色"（Actors），扩展了参与者的范围。同时将最高级"公共合作关系"修改为"公共参与"，外延拓展了，因为"合作关系"是"参与"高级形式中的一种[15]。

Carver (2003)提出了网络的参与阶梯技术框架，其参与程度由低到高依次为在线服务发布、在线讨论、在线观点调查和在线决策支持系统，这一模式适用于互联网时代的公众参与[111]。

Tulloch 和 Shapiro (2003)提出用数据获取和参与程度两个维度，每个维度包括低级别和高级别，交叉产生了4种大类，每个大类再按成功或不成功的可能性进行预判（见表1-5）。对于 I 型（没有或低层次获取同时没有或低层次参与），最不可能成功；而 IV 型（高层次获取同时高层次参与)则最有可能成功。在笔者看来，公众的数据获取情况也属于参与的一部分，如果单纯从参与的角度看，Tulloch 和 Shapiro 的分类方法是比较恰当的，也容易理解。当然，对不同类型参与成功可能性的判断并不是绝对的，需要和"公众"等因素结合起来综合考虑，如果公众的代表性严重不足，那无论如何获取数据、如何高层次的参与，都只是不全面、不深入的，也是很难获得成功的[112]。

表 1-5　　　　　　　　　　　　**参与分类方法**[112]

参与类型	没有或低层次获取	高层次获取
没有或低层次参与	I 型 成功：最不可能 不成功：最有可能	II 型 成功：有可能 不成功：有可能
高层次参与	III 型 成功：有可能 不成功：有可能	IV 型 成功：最有可能 不成功：不大可能

3. 参与形式

Smith(2001)认为公众使用地理信息的参与方法应包括三个研究领域：一是需要研究其理论架构；二是参与式系统的人机交互界面的开发与研究；三是参与的事务和技术的研究[113]。

Leitner 等（2002)总结了当时存在的 6 种参与模式，分别是基于社区 GIS 模式、大学与社区合作关系模式、公众使用大学和图书馆 GIS 设施模式、地图实验室模式、网络地图服务模式、临近 GIS 中心模式，并分析了各自的优缺点[114]。在一个 PPGIS 项目中，可能同时存在上述的多种模式，具体采用哪些形式，既要考虑资金、技术实力，还要考虑参与者的接受程度等。

参与的具体形式与上述的参与程度密切相关，或者说参与形式本身就能体现参与程度的高低，比如，组织方发布通告或者召开一个简单的通报会就可以实现低层次参与中的"告知公众"。再比如，公众作为被调查者，被动回答调查方的提问。当然，参与程度不仅要看其具体形式，更要注重其参与的内容和实际组织效果。在互联网时代，通过各种网络信息平台，公众可以较为充分地表达个人意愿。但如果要真正实现高层次的参与，必须要有面对面的交流，这是其他任何形式无法取代的。这种交流可以是各种正式的、非正式的讨论、研讨甚至辩论。

关于"参与"，感兴趣的读者还可参阅美国城市与区域信息系统协会杂志的两期专刊 URISA Journal 2003，15(1)（*Access and Participatory Approaches*(APA) I）和 URISA Journal 2003，15(2)（*Access and Participatory Approaches*(APA) II）。

1.3.3　公众参与(Public Participation)

对于 PPGIS 的目标，了解"参与"和"公众"各自的范围是有帮助的，对于项目规划，了解他们之间的交叉是至关重要的，因为它直接影响到前期和后期决策。在前期，不同的 PPGIS 技术可能更多地依赖于参与的人是谁，参与的目标是什么。例如：是以所有民众为对象，还是仅仅以投票的人，抑或是可能受到政策或规划影响的人，或者仅仅是决策者？参与的目标是民众权利、和解、公众教育还是预防争端？[5]

以更加明确的方式圈定"公众"和"参与"的范围对于 PPGIS 项目的评价也很有帮助。对于"公众"和"参与"特定类型的交叉组合，每个交叉点都有一个期望的目标和结果。例如，一个项目目标可能是通过展示地图上复杂的信息来教育公众，希望更多的民众参与公众辩论。反过来，一个目标可能是以 GIS 为导向，开发特定的增强社区服务功能的社会网络[5]。

Thomas(1995)构建了一个分别以公众分类和决策类型为行和列的矩阵[36]。在这个矩阵中，不同的决策类型与不同的公众团体相联系，使人们既可以看到不同公众的决策类型，也可以看到不同决策类型对应的公众分类。在这种方式下，根据决策类型和公众的要求，管理者或项目规划者可以把策略和 PPGIS 的参与途径概念化[5]。

Konisky 和 Bierle(2000)创建了一个相似的框架，比较公众参与中的几项创新，他们的模型与参与者预想的结果和决策者有联系，用一类公众和期望结果对应到参与过程的特定类型[115]。Jackson(2001)创建了一个矩阵模型的实例，为管理者和规划者制定有关公众参与的决策提供指导[106]。在这个模型中，参与的对象是第一位的，然后才是和其他公众的分类组合。从项目对象开始讨论是这个模型的优点，因为公众参与是普遍的，而 PPGIS 则是特定的，应该符合某个目标，这些参与决策的用户应该明确他们想要达到的目标。接着该模型为诸如"什么时候使用"、"什么时候避免接触"的问题提供了指导路线，为那些可能不熟悉公共参与规划和决策过程的实践者提供指导。如果想从项目目标开始，那么可以用 Jackson 的模型，然后确定最合适的、能实现那些目标的相关公众。相应地，一旦整个项目的目标确定了，就很容易识别哪种公众参与途径是最合适的[5]。

美国内务部的《保护规划标准与导则》指出，公众参与是一个形成和明确(保护)规划的价值和特性的过程。及时的、可持续的公众参与是保证规划为尽可能多的民众所接受的重要条件。规划过程的成功有赖于这个过程怎样分析和整合不同社会群体的观点[116]。

非官方的、总部设在美国丹佛的国际公共参与协会(International Association for Public Participation，IAP2)虽然没有给出公共参与的明确定义，但它指出公众参与应该具有以下核心特征[5]：

①公众对影响他们生活的决策具有发言权；

②公众参与将会影响决策；

③公众参与过程促进各方交流并满足所有参与者在交流过程中的需求；

④公众参与过程挖掘并促进所有被决策影响的各方的参与；

⑤公众参与过程让参与者自行决定自己如何参与；

⑥公众参与过程向参与者提供足够信息，使得参与者能够进行实质性的参与；

⑦公众参与过程让参与各方交流他们的意见并了解自己的意见将如何影响决策[5]。

综上所述，我们可以认为公众参与是在一定的社会环境下民众通过各种形式自主发动受公共决策影响的各方参与到有关的决策过程中，并对决策施加影响乃至改变决策方向的过程。在这种形式的公共决策中，政府和民众所扮演的角色与以往是不同的。然而一定的社会民主或者法律规定(如民众对公共决策具有发言权)却是公众参与存在的前提[5]。

Tulloch(2003)提出了"公众是谁"和"参与什么"两个维度。其中公众分个人和组织两类，参与内容包括制图、分析和决策。两个维度交叉组合共有 6 种类型：个人参与制图、个人参与分析、个人参与决策、组织参与制图、组织参与分析、组织参与决策。当然，在一个 PPGIS 项目中，很可能涉及多种类型，也可能在项目执行的不同阶段，采取不同的应用类型[57]。

同样是公众和参与两个维度，Schlossberg 和 Shuford(2005)提出了更加具体和实用化的矩阵模型[40]。公众维度从简单到复杂依次为决策者、实现者、受影响的个人、感兴趣的观察者、随机的公众；参与维度从简单到复杂依次为告知、教育、咨询、确定议题、共同规划、达成一致、合作关系、公民控制。两个维度交叉会出现 40 种可能的情形，每一种情形可以填入具体措施或执行办法，比如图 1-4 中的"1"处空格可以填入"决策者成立培训班，对公众进行 GIS 基本技能的教育和培训"。对于该模型，我们需要特别说明的是：①公众参与维度复杂程度一般与人员数量、选择的难度有关，比如"随机的公众"，如果由组织者来筛选，一要保证一定的数量，二要具有一定的代表性，其组织难度比前面几种公众类型更难。②不同学者对"公众"和"参与"的理解有差异，所以两个维度交叉的结果会有很大差异，比如 Tulloch（2003）的模型置于该框架下，就只有 6 种情形。参与维度采用 Wiedemann 和 Femers（1993）方案，公众维度不变，则会有 30 种情形；公众维度采用 Aggens（1983）的设计，参与维度不变，则产生 48 种情形。③除了参与程度，也可以从参与技术角度划分为多个层次。④即使同一个 PPGIS 项目，在项目的不同阶段，都可以做出类似的矩阵，也可以置于一个矩阵模型中，用数字序号表明执行的顺序。

		公众维度 简单 ——————————————————————→ 复杂				
		决策者	实现者	受影响的个人	感兴趣的观察者	随机的公众
参与维度 简单 ↓ 复杂	告知					4
	教育	1				
	咨询					
	确定议题					
	共同规划		2			
	达成一致					
	合作关系			3		
	公民控制					

图 1-4　公众和参与矩阵原型[40]

1.3.4　其他参与者

对于 PPGIS 中的"公众"，我们认为有狭义和广义两种理解。在 PPGIS 概念提出之际，之所以强调"公众"参与，是因为我们传统 GIS 的服务对象多为国家机关或政府机构、大学或科研院所、企事业单位的专业技术与管理人员，而在 PPGIS 中，GIS 技术不再束之高阁成为少数人的专利，它需要普通民众的参与。此时的"公众"可做狭义理解，我们称之为小公众，即他们不是组织方也不是投资方，没有政府背景，并且缺少基本的 GIS 知识与技能，从这个角度看，他们处于弱势地位。但这些公众却是 PPGIS 最重要的成员之一，他们的核心权益最应受到保障，是 PPGIS 的直接受益方，没有他们的参与，GIS 仍旧是传统的 GIS。

Tulloch（2003）仅仅将所有参与者分为个人和组织两大类[57]。而 Leitner 等（2002）在评价 GIS 对社区的适用性时，提到了 5 种参与组织：政府机构、非政府组织、私营企业、教育机构和社区组织[114]。Walker 等（2002）报道，一个由 6 个相关组织或机构（一家企业、三个社会组织、两个政府机构）合作成立的澳大利亚赫伯特河（Herbert River）流域资源信息中心，意在加强该流域内的空间数据共享、促进自然资源管理与保护[117]。另有一个在非洲加纳实施的 GIS 项目，其成立的合作森林管理委员会由 21 位成员组成，其中 6 位是专业森林管理员，其余 15 位是来自当地的退休工人、教师、文职公务员、商人和社区代表[118]。Sawicki 和 Peterman（2002）给出了 PPGIS 提供方或组织者的定义：①收集人口统计、管理、环境或其他当地数据库；②整理数据为当地公众服务；③把上述信息以较低价格甚至免费提供给非营利性的社区组织[119]。

1.3.5 数据、信息、知识

数据是一组经验观察值和事实，尤其是当它们被组织起来做后续分析处理的时候。例如，如果在河边垂直放置一把量尺，并且对河水水位变动做一个系列的观察和测量，那么这些观察的记录就是数据。

PPGIS 中的数据主要是与位置相关的空间数据。除了直接测量外，空间数据有相当一部分源自政府部门，一部分来自大学或科研机构的科学数据库。还有一类公众主动提供的位置信息，称为"志愿地理信息"（Volunteered Geographic Information，VGI），但这类数据本身的质量参差不齐，需要定义相应的约束规则或者进行统一处理。PPGIS 中应用最多的是地图类和社会经济统计类数据。某些地图数据可能需要项目组织者现场测量获得，某些统计类数据可能需要进行社会调查而得到。

Hoffman(2003)总结了影响数据可用性的 4 种因素：政府信息公开、公民隐私权的保护、涉及国家安全的数据保密性、政府的财政监管。作为数据提供方，在充分保护个人隐私和保障国家安全的前提下，可以向大众提供免费的数据，供用户下载。当然，可以对用户权限进行差异化管理，对低权限用户优先提供小比例尺地理数据，对高等级用户提供加密后的中等或大比例尺数据[120]。

空间数据的质量评价包含可量化和不可量化两大类。可量化的数据质量评价因素包括数据完整性、逻辑一致性、空间精度或准确度、时间精度或准确度、专题精度或准确度等；不可量化因素如元数据等。理论上，数据提供方有义务提供必要的数据质量信息给使用者，至少应包括元数据。

信息是对数据的解释、运用和解算，即使经过处理以后的数据，只有经过解释才有意义，才成为信息；数据是客观对象的表示，而信息则是数据内涵的意义，只有数据对实体信息产生影响时才成为信息[6]。而地理信息是表征地理实体的性质、特征、运动状态、联系和规律等的数字、文字、图像和图形等的总称，空间特征是其区别于其他信息的最根本标志[6, 22, 121]。在 PPGIS 中，原始空间数据需要经过投影与坐标变换、数字化、数据结构转换、压缩编码等一系列处理后存储到地理数据库中，用于地理信息分析与表达[6, 121]。

知识是人们在社会实践中获得的认识和经验的总和，其高级形态是系统化的科学理论。按其内容可分为自然科学知识、社会科学知识和思维科学知识。哲学知识是关于自然、社会和思维知识的概括和总结。也有学者将知识按认知层次划分为事实性知识、概念性知识、程序性知识、元认知知识。

在 PPGIS 中，有一类知识值得我们特别关注，即本土化知识。所谓本土化知识是反映当地特有的文化和社会背景、带有较强的地域特征的知识，也称为乡土化知识。这些本土化知识可能通过故事、歌曲、民俗、谚语、农业实践、口头交流等不同方式而一代一代流传下来[28]。McCall(2003)详尽阐述了本地化知识和科学知识之间的异同点，他认为本地化知识主要来自当地人和他们生活的特定地域之间长久而紧密的联系，所以具有本土化特征；其次，只有当地人拥有这样的知识；最后本地化知识主要基于目标的功能性、角色的目的性，所以更依赖整体性而不是简化论。另一方面，两类知识也有许多共性：第一，有活力或生命力，能够不断吸收并接纳外来知识；第二，都可以运用分类学方法进行归纳整理；第三，基于普遍性规则能够对特殊条件或情形加以识别；第四，不均匀地分布于专家群体中。他进一步指出，大量本地化知识都有空间特征，可以称为本土化空间知识（Indigenous Spatial Knowledge，ISK）。在 PPGIS 中，我们可以运用音频、视频、动画等多媒体技术与相应地图图层连接来展现当地文化和历史，还可以创建特殊语言的用户界面，用类似这样的方法可以充分体现对当地参与公众的尊重，也很容易让他们参与到决策过程中来[25]。

1.3.6　地理信息科学

GIS 有两种含义：GIScience 和 GISystem。前者指地理信息科学，强调学科概念，是描述、存储、分析和输出空间信息的理论和方法的一门新兴的交叉学科[121-123]。后者指地理信息系统，强调 GIS 是一种技术系统，是以地理空间数据库（Geospatial Database）为基础，采用地理模型和空间分析方法，适时提供多种空间的和动态的地理信息，为地理研究和地理决策服务的计算机技术系统[6, 122]。

未来的 GIS 将以"异构地理空间数据同化、由着重地理信息获取一端向面向用户的地理信息深加工一端漂移、地理信息服务的网络/网格化、空间数据综合的智能化、地理信息系统（GIS）与虚拟地理环境（VGE）的集成与一体化、以多模式（Map、GIS、VGE）时空综合认知模型"等为研究热点[124]，是以数字城市、物联网、云计算等为主要特征的智慧城市乃至智慧地球的核心技术和支撑学科之一[23, 125, 126]。

在 PPGIS 中，GIS 并不是核心，但它不可或缺。这里我们强调 GIS 如何走向普通大众，它的界面设计、使用方法、表达方式等如何适应公共管理和决策的需要，如何适应特定地域内的公众的参与需求等，是我们更应该注意认真研究的问题。

1.4　PPGIS 的定义与特征

1.4.1　PPGIS 的定义

PPGIS 的概念最初是在 1996 年 NCGIA 专家会议上提出的，当时认为 PPGIS 是一套能够使 GIS 和其他空间决策工具用于所有正式决策相关公众的方法的集合[4]。

Sheppard（1995）认为，PPGIS 是运用地理信息系统技术并且承袭"参与"的理念，以地理信息系统为公众参与的平台，透过信息展现、交换、收集及情境分析的媒介，提供社群民众对事件的学习、辩论及妥协，进而达到沟通、合作、协调及整合[1]。

2002 年，在美国新泽西州 Rutgers 大学召开的第一次公众参与地理信息系统国际会议上，专家们为 PPGIS 下的定义：①是一种对地理信息或者地理信息系统技术的研究；②既可由个体也可以由草根阶层的普通公众使用；③是参与影响他们生活的公众过程（数据获取、制图、分析以及决策）[5]。

阮红利（2003）将 PPGIS 定义为："面向社会公共问题，基于开放式的计算机网络环境，利用 WebGIS、CSDSS、分布式数据库、领域分析建模以及地理信息互操作、网络信息服务等新技术构建的计算机应用系统，PPGIS 区别于其他 GIS 技术的最大特点就在于它的社会性。"[16]

Sieber(2006)认为 PPGIS 是一种方法论，它按照阶层、职业、种族、宗教、语言、性别和年龄等差异进行制图，对公众活动进行空间分析并提供社会服务，对社区财政资产进行可视化[25]。

何宗宜(2006)这样解释 PPGIS："公众参与地理信息系统是一个与由规划、人类学、地理、社会工作和其他社会科学产生的社会理论和方法相联系的跨社会科学和自然科学的研究，是社会行为与 GIS 技术在某一地理空间上的结合，公众具有获取、交换有关数据或信息并具有参与或共享 GIS 进而参与决策的权利和机会，体现个人、社会、非政府组织、学术机构、宗教组织、政府和私人机构之间的合作伙伴关系。其目的是提升社会民主、生态的可持续发展及生活质量。"[19]

Tulloch(2008)给出了定义：PPGIS 是地理信息科学的一个研究领域，关注公众使用地理空间信息参与公共过程的方式，例如制图和决策制定[58]。

Brown (2012)提出 PPGIS 是描述 GIS 技术如何支持公共参与以实现当地或边缘化民众在规划和决策过程中的目标[127]。

给一个科技名词下定义，需要科学严谨的态度。由于 PPGIS 是外来词汇，所以我们首先需要确定完整的英文名称。前两个词 PP 全称为"Public Participation"基本没有争议，所以关键问题是确定 PPGIS 中的 S 到底是系统(System)还是科学(Science)。目前主要有三种表述方式：一是避开 System 或 Science 的讨论，直接冠以 Public Participation GIS 或 PPGIS；二是 Public Participation Geographic Information System(PPGISystem)；三是 Public Participation Geographic Information Science(PPGIScience)。表 1-6 的结果表明，大多数文献采用前两种方式，有少量文献提出公众参与科学。一个很有意思的现象是，Siber 教授分别在 2002 年和 2004 年提出了公众参与地理信息科学的讨论并给出了科学定义，但在 2006 年的一篇综述文章中却仍然表达为公众参与地理信息系统，这至少说明在十多年前，Siber 本人认为公众参与地理信息科学的提法还为时尚早。目前仅有的两本有关 PPGIS 的英文著作，第一本是 2002 年出版的《社区参与和地理信息系统》，没有提出 PPGIScience；第二本是 2010 年发行的《地理信息科学和公众参与》，书名虽然提到地理信息科学，但并未写成"Public Participation Geographic Information Science"，只不过在威斯康辛大学密尔沃基分校 Huxhold 教授所作的序言中出现了"Public Participation Geographic Information Science"的表述。

PPGIS 是科学还是技术、工具？从技术发展到科学，需要具备一定的条件，如有明确的研究对象和研究手段，有较完备的理论体系，有一定数量的研究队伍，有明确的应用领域和广泛的服务对象等[6]。从目前 PPGIS 的发展态势看，可以提出公众参与地理信息科学的表述，相信不久的将来这样的表述会被多数学者认可，虽然当前最大的问题是相关理论体系还不完备，相关的技术组织、应用实践等还不完全成熟。

表 1-6　　　　　　　　　　　**PPGIS 英文全称表述相关文献列表**

全　称	文献列表
Public Participation GIS	［28, 40, 44, 49, 58, 65, 67, 89, 128-132］
Public Participatory GIS	［133］
Public Participation Geographic Information System	［25, 41, 45, 64, 68, 69, 75, 81, 87, 90, 127, 134］
Public Participation Geographic Information Science	［33, 58, 59, 112, 135］

　　综合国内外学者对 PPGIS 的不同定义以及上文对 PPGIS 相关概念的总结与分析，笔者认为 PPGIS 是由社会学、规划学、管理学、组织行为学等社会科学和地理学、计算机科学、信息科学等自然科学多学科相互交叉的新兴的边缘科学，是社会行为和信息技术在某一个具体地理空间上的集成。它以参与为核心，以过程为导向，以地理信息系统为关键技术，通过自下而上的广泛的公众参与，体现政府、社会团体、领域专家和个人之间的新型合作关系，其应用范围涉及所有的社会公共事务，目的是提升社会民主、增强公共决策的科学性、提高人们的生活质量以及推动社会的进步[5]。

1.4.2　相似概念辨析

　　表 1-7 为传统 GIS 与 PPGIS 方法在不同方面的比较，Sieber（2003）指出 PPGIS 的关键在于针对特殊使用者的目的与需求，发展及运用信息技术，不同于一般 GIS。因为顾及普遍的需求而聚焦于技术的研发与大型数据库的建立，PPGIS 可以降低相应的资本与技术门槛，并且避免僵化的官僚体系的制约，让社会中相对弱势的群体可以有效运用地理信息来进行公众参与，争取自己的权益[136]。因此，PPGIS 与 GIS 的最大不同之处在于强调由下而上，且这种模式渗透在整个参与的过程中。大量的应用实践表明，PPGIS 更关注参与的过程，并且强调此过程中的设计、思考与行动。对普通民众来说，PPGIS 可以依其特殊需求进行设计，针对参与者的知识水平设计操作方式与数据库，降低技术门槛[5]。

　　降低技术门槛让公众参与得以提升是 PPGIS 努力的目标之一。近年来，GIS 的易用性虽已日趋改善，然而对于非专业的使用者而言，技术门槛仍然存在，尤其是因为不同文化和专业知识背景所出现的落差，一直都是 GIS 面对的挑战[5]。

表 1-7　　　　　　　　　　　**PPGIS 与 GIS 的比较**

比较项	PPGIS	GIS
焦点	人和技术	技术
目的	赋权给社会成员	便于官方决策
采纳	需求驱动	技术力推动
组织架构	弹性和开放	刻板的、阶层的和官僚的

续表

比较项	PPGIS	GIS
为何使用	因为它是需要的	因为它是可能的
任务	针对特殊群体需求	针对技术人员的需求
应用	由特殊群体引领	由独立专家所引导
功能	特有的，计划层级的活动	一般多元目的的应用
取向	由下而上	由上而下
费用	低费用的	资本密集

1. PPGIS 与 GIS2(或 GIS/2)

在 1996 年 7 月美国缅因州立大学举行的一次研讨会上，一开始确定的主题是 GIS/2，但后来会议组织者更换了议题，PPGIS 成为交流主题。大家意识到，GIS/2 与 PPGIS 还是有所区别的，并针对这两个概念进行了热烈的讨论。GIS/2 主要关注未来 GIS 技术的发展，而 PPGIS 更多关注如何使更多的公众有效地使用 GIS 技术。与会专家们还提出了GIS/2 的 5 条准则：

①GIS/2 应强调参与者在数据创建和评估中的作用；

②GIS/2 应接纳各种不同观点的表达，求同存异；

③系统输出的结果应该重新定义以求反映参与者的标准和目标，而不是遵从封闭式的测量精度准则；

④GIS/2 应该能够在一个用户界面下管理和整合所有的数据和参与者贡献的信息，包括电子邮件、获取存档数据、在多媒体中各类文本的展示、实时数据分析、标准化的基础地图和数据集、草图和野外观测记录等；

⑤GIS/2 应该能够保留和展现自身发展的历史，更有能力管理时间维信息。

2. PPGIS 与 PGIS、VGI

PPGIS 的提法源于 1996 年美国国家地理信息分析中心的一次专家会议，它通常指由政府机构主导，尤其在西方民主国家，作为一种有效的工具，鼓励公众和社区居民参与土地利用规划以及相关决策的制定过程[49, 58, 89, 127, 134]。

PGIS(Participatory GIS)常用于发展中国家和农村地区，用来促进非政府组织、草根阶层和社区组织目标的实现，尤其是维护当地人的权利以及财富和政治权利的分配[49, 58, 89, 127, 134]。

Participatory GIS 的提法最早可追溯至 1998 年在达勒姆大学(Durham University)召开的一次有关 PGIS 技术和方法的研讨会，会上总结了南非姆普马兰加(Mpumalanga)省Kiepersol 项目和加纳海岸带生态系统管理的经验[137]。在 2004 年第三届 PPGIS 年会上，与会学者对 PPGIS 和 PGIS 的差别进行了激烈的讨论，Daniel Weiner 指出 PGIS 主要是在发展中国家参与式发展与地理信息系统/技术相结合的实践，而 PPGIS 是在发达国家参与式规划与地理信息系统/技术相结合的实践[138]。

在笔者看来，依据应用的地理范围(如发达程度、城市或乡村)和所谓参与"公众"的差别，而将 PPGIS 和 PGIS 强行分开是不合理的，上述有关 PPGIS 和 PGIS 的特征也不是一成不变的。实际上如果考虑技术和社会进步因素，两者之间的差别也愈来愈模糊。当然，应该承认在城市和原住民地区，公众参与的方式、组织方法、GIS 技术等都存着明显的差异，但即使在不同城市之间或城市内部的不同公众群体之间，这类差异也是存在的，因此两个概念是通用的，甚至 PGIS 涵盖的范围更广些。

VGI 描述的一种公民自发地利用网络创建、收集、传播和发布地理信息的现象，比如公众在 Google 地图、Google Earth、百度地图、高德地图等网络 GIS 或移动 GIS 平台上发布个人兴趣点，可以发布照片或短视频，也可以创建新的地理位置标识[32, 49, 89, 127, 134]。

虽然存在表 1-8 中列举的多种差别，但 PPGIS 与 PGIS 都采用空间显示方法获取和使用地理信息，并参与规划过程[25, 65]。PPGIS 或 PGIS 包括从项目设计、公众筛选和参与组织实现的全过程，而 VGI 更多的是一种数据或信息的提供方法，也是公众参与的一种方式。在某些 PPGIS 或 PGIS 项目中，可以把 VGI 看作一个中间步骤，可能会用到目的抽样和志愿抽样[49]。

无论 PPGIS、PGIS 还是 VGI，地理信息和公众参与都是必不可少的两大核心要素，它反映了 GIS 走进大众生活的一种发展趋势。

表 1-8　　　　　　　　**PPGIS、PGIS 和 VGI 比较(根据文献[134]修改)**

比较项	PPGIS	PGIS	VGI
文献来源	[139]	[65]	[32]
目标或关注点	加强公众参与影响土地利用规划和管理	社区授权 鼓励和促进社会认同 建立社会资本	公众作为"传感器"从而扩展空间信息
资助方	政府规划部门	非政府组织	非政府组织、专题小组/专家组、个人
国家	发达国家	发展中国家	可变化
地点	城市和区域	农村	可变化
空间数据质量的重要性	重要	次要	重要
采样方法	主动：概率抽样	主动：目的抽样/主观抽样	被动：志愿
数据采集者	个人	集体	个人
数据所有权	过程资助方	创建数据的人和社区组织	共享
主要制图技术	数字化	非数字化	数字化

3. PPGIS 与 Critical GIS，Feminist GIS，Qualitative GIS（QGIS）

Critical GIS 研究 GIS 对社会的影响，是否用 GIS 建模的社会过程，GIS 的表达、本体论、认识论等方面[25]。

Feminist GIS 致力于探索 GIS 对女性主义研究方法论的影响，探究 GIS 知识的多元化问题，向 GIS 与特定认识论有某种既定关联的假设发起挑战[132]。

Schuurman（2001）认为 PPGIS 属于 Critical GIS 的一个分支[140]。张涵与朱竑（2016）指出传统 GIS 只关注定量信息的空间表达，忽视了大量存在的定性数据的处理和应用，并将 PPGIS、Critical GIS、Feminist GIS 都列入定性地理信息系统（Qualitative GIS）的分支，认为 Critical GIS 是 GIS 与社会学理论的集成，Feminist GIS 是 GIS 与女性主义研究的集成[141]。

无论它们之间的关系如何界定，这些概念都属于 GIS 的分支领域，都是在 20 世纪 90 年代 GIS 与社会的争论中逐渐发展起来的，它们都反映了 GIS 研究和应用在社会领域的不足，关注诸如参与、权力关系、空间数据与技术获取的不平等等问题，致力于社会公共领域数字环境下地理信息的创建、表达、交流与获取[132]。

1.4.3 PPGIS 的特征

1. 地域性

这里的地域性包含两层含义。首先是位置或地理范围，这很容易理解。PPGIS 项目的地理范围，可能是一座城市、一个街道、一个社区、一个建设项目涉及的区域、一个村庄、一个部落、一个生态保护区、一片森林，等等。除此之外，还有输入数据的位置信息，可能是精确的带有地理坐标的，也可能是模糊的、有缓冲区的。地域性的第二层含义是指与位置相关的本地化知识（indigenous knowledge 或 local knowledge），可能通过故事、歌曲、民俗、谚语、农业实践、口头交流等不同方式而一代一代流传下来[28]。这类知识反映了当地特殊的政治、法律、文化以及社会背景，影响到项目组织与实现方式，需要在实践中格外关注[25]。例如，美国 50 个州除了共同遵守联邦宪法外，都有各自的法律体系，同样是一个公众参与的城市规划项目，在不同的州其实现过程往往会有所差异。又如，生活在非洲的原始部落，澳大利亚、美洲的原住民，他们有其独特的语言、社会风俗和文化传统，在涉及土地权属的项目中，其组织、参与、实现的方式与大城市相比，有很大的不同。诸如此类，这些都是需要提前进行调查研究的。

Sillitoe（1998）注意到本土化知识（indigenous knowledge）、地方性知识（local knowledge）、大众知识（popular knowledge）、民间知识（folk knowledge）的差别[28]。McCall（2003）强调本地化的技术知识不应仅仅被当做"原始的，未被同化的知识"[44]。依笔者看，它们之间有交叉和重叠，前两种表达意思相近，某种程度上可以通用，都有"地域性"知识的含义；相比较而言，大众知识（popular knowledge）和民间知识（folk knowledge）的范畴更宽泛些。在 PPGIS 中，我们要对那些"地域性"的"大众"知识或"民间"知识给予足够的重视。

2. 以人为本，以人为中心

PPGIS 是社会行为和有关技术在某一个特定地理区域的融合，它不同于传统 GIS 的地方就是公众的参与。在 PPGIS 中，技术并非核心问题。GIS 技术仅仅是为人所用的一个工具，公众参与是 PPGIS 的重心，人则是核心。因此，一个好的 PPGIS 系统，每一个环节都离不开公众，从系统设计到最终决策乃至系统维护，都不仅仅是决策者和专家的事情，都需要公众的参与[5]。

3. 多学科交叉

PPGIS 是跨学科的集成技术，研究领域很广。理论方面，包括 PPGIS 的定义、PPGIS 的定位(一门科学还是一种 GIS 的一个分支技术)、什么是公众、参与的内涵和本质、公众参与的形式、如何界定 PPGIS 与 GIS 的关系、PPGIS 与其他相邻学科的关系、PPGIS 的理论框架等。同时，公众的参与行为已经不仅受到参与的技术工具和方法的影响，还受到国家的政策法规、社会的发展、民主化进程等各种社会问题的制约和限制，这已经成为了当今社会行为研究的前沿问题；在技术方面，WebGIS 技术、协同式空间决策以及地理信息服务的相关理论和技术为 PPGIS 的实现提供了必要的支撑平台；在实践和应用上，PPGIS 的实现方法、操作模式、应用领域和范围(公共政策、社会事务、城市规划、社区决策等)等都是 PPGIS 要解决的问题。因此 PPGIS 的研究范围横跨了社会科学和自然科学，多学科交叉研究是 PPGIS 的重要特征。它所涉及的行业和学科，主要包括社会学、心理学、政治学、组织行为学、规划学、系统科学、经济学、工程学、计算机科学、地理学等。研究这些学科对 PPGIS 的影响和相互关系是非常重要的[5]。

4. 信息传递的有效性

PPGIS 提供了一个所有的决策事件相关人互相参与、沟通、学习及讨论的平台，所以信息传递是 PPGIS 最重要的考虑因素之一[142]。信息传递的有效性包括：①何种信息应该被传递；②信息如何被传递，即用何种表达方式来传递。前者包括系统数据库所准备的资料以及参与者所表达的传统知识，这些信息必须实时传递给其他参与者，作为讨论与沟通的素材与依据；后者涉及信息的表达形式，例如文字、照片、视频、图形、虚拟景观、地图等。所以地图并不是 PPGIS 唯一的信息传递媒介，其他形式的信息必须能够整合于系统中，这样才能达到充分的了解与沟通[41, 51]。

5. 交互性

PPGIS 不是单纯的由上而下的政令通告，也不是单方面的由下而上的意见表达，它是一个多方讨论、协商、妥协的过程，所以参与者彼此间的互动是十分重要的。在 PPGIS 中，不能只将 GIS 作为输入(收集资料提供后续分析)或输出(绘制地图方便后续讨论)工具，而要将 GIS 作为"过程"的工具，所以一个好的 PPGIS 系统必须具备良好的互动性，才能提供沟通、讨论、辩证、妥协的平台[5]。

6. 基于 Web

传统 GIS 依靠 GUI 使用户和系统进行交互，PPGIS 则支持一系列从面对面接触到基于网络功能的交互方法并且更依靠网络，它通过网络实现地理信息系统数据的获取、分享和交互处理。使参与者在网上(包括无线网络)处理地理信息数据和地图，以及通过网络浏览器和其他网络功能来实现各种空间检索和空间分析等 GIS 功能，并能自由地表达他们的意见。因此，互联网成为 PPGIS 的一个重要平台[5]。

7. 使用弹性

PPGIS 的参与者经常是无法提前预期的，所以系统所响应、表达的信息以及参与者所表达的信息也通常是不可预期的。从系统观点言之，输入及输出都是事先无法完全掌握的[142]，因此系统必须具备足够的弹性以适应各种情境。而 GIS 系统要达到此要求，首先必须具备一个完整的资料库，数据库必须涵盖所有可能使用到的资料；其次，必须具备多元且弹性的信息表达功能[5]。

8. 实时数据记录及回馈

参与者表达的信息形式是非常多元的，PPGIS 欲达到完整的互动性，系统还必须具备实时数据记录及回馈功能。Kyem(1998)甚至认为系统除了能够记录事实外，还必须能够记录参与者的主观价值判断，而参与者所表达的信息也是进行后续讨论的重要参考内容[143]，所以 Geertman(2002)认为 PPGIS 必须能够充分转换参与者的意见，将这些信息存入数据库，不能够造成参与者表达的阻碍[142]。

9. 以过程为导向

PPGIS 除了必要的系统功能需求外，更重要的是其过程(process)，而过程的重点就在于参与(participation)，参与者从 GIS 平台获取信息，并且回馈信息，作为后续讨论的意见；Kyem(2000)认为透过 GIS 平台所提供的信息为沟通媒介，可以避免面对面的争执，并且保障所有民众的参与机会，是真正的民主决策过程，而参与者彼此之间也因此而更加信任。从这个意义上说，PPGIS 是一个理想的方法来整合各方的不同意见，是一种民主化的决策方式[5]。

1.5 PPGIS 的理论框架

Weiner 等(2002)认为 PPGIS 源于 1990 年代的 GIS 与社会争论，结合了参与式发展规划和最新的 IT 技术，从而使 PPGIS 涵盖多个学科，如政治经济学、批评理论、参与式规划和社区发展、民主和社会公平、人类学与人种学、政治生态学、哲学等[15]。

Tulloch (2003)归纳了 PPGIS 的研究领域，如地理信息科学、地理学、社会科学、经济学、计算机科学等[57]。

Sieber(2006)提出了 PPGIS 的理论框架，包含 4 个密切相关的主题：位置和人、技术和数据、过程或流程、结果与评估。他还指出 PPGIS 不是一种抽象的活动，角色的交叉要求跨学科的研讨，并对 PPGIS 项目影响到的人做出反应。PPGIS 不限于一个部门也不会局限于地理学范畴，理解 PPGIS 需要深入地了解技术、角色和实践[25]。

Brown(2012)进一步指出"公众抽样"和"参与"是 PPGIS 创新的核心，而不是 GIS[127]。

从 GIS 角度认识，系统硬件、系统软件、空间数据、应用人员和应用模型这些构成要素在 PPGIS 中同样都存在，但因为应用人员从专业人士转变为普通公众，其相应的硬软件、空间数据获取处理分析到模型都要做出相应的改变。从学科角度看，PPGIS 是一门新兴的边缘科学，它是地理信息科学的一个分支领域，是自然科学和社会科学的交叉，从基础理论、相关技术到实践应用，有许多理论问题仍在探讨阶段，没有形成定论。目前，对 PPGIS 的研究没有形成一些固定的领域或方向，没有形成一套理论体系。本书试图从理论、技术、应用三个方面构建 PPGIS 的理论框架，和读者一起分析和探讨，详见图 1-5。

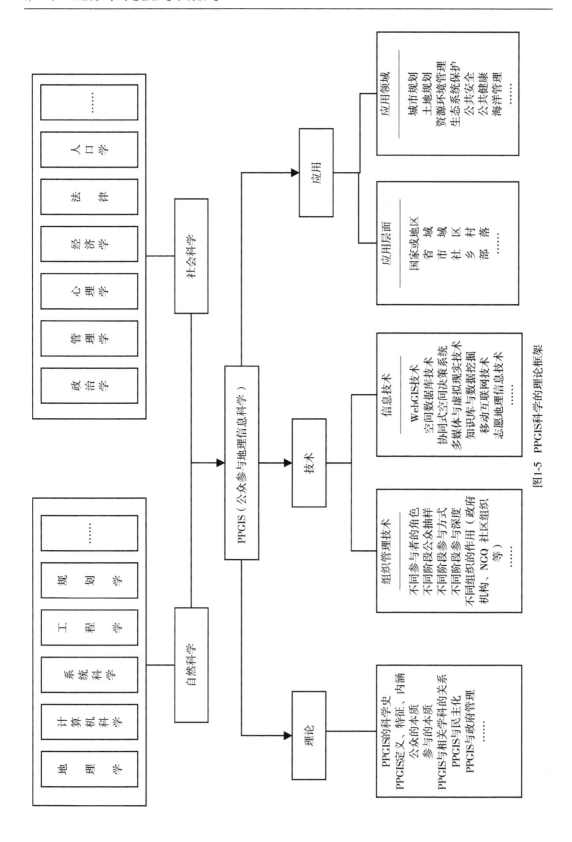

图1-5　PPGIS科学的理论框架

第 2 章　PPGIS 的技术体系

在 PPGIS 中公众参与是 PPGIS 的重心，人则是核心。因此与一般专业型 GIS 技术相比，公众参与 GIS 还要采用一些新的技术方法，将公众参与的理念渗透到系统的各个环节。对公众来说，首先要有一个友好、易懂、易于操作的界面，使用户很容易地参与进来。在一个规划的初始阶段，公众需要自己编辑一个规划方案，这通常要用到 GIS 的地图编辑功能，若有多个用户同时在线编辑，这就涉及协同式空间决策的问题。对于一项公共决策，比如某个小区的道路规划方案的优选，不同的公众由于年龄、工作和生活经历、专业背景等方面的差异，对规划方案会有不同的理解，但是如果他面对的只是几个方案的文字描述，很难留下深刻的印象，同时降低了参与的信心和兴趣。如果针对不同的方案，建立一个可视化的动态的模型，并在模型中链接声音、视频动画等，使公众身临其境地感受到不同规划方案的实际效果，这就使得用户能够很容易地对规划方案做出自己的选择，同时也极大地调动了公众的参与热情。另外，一个 PPGIS 项目还应该通过网络给它的用户提供大量的、丰富的信息。对于普通公众来说，他们要获得自身所在的社区、城市的规划和决策信息，同时他们也需要一些规划和决策方面的专业知识，以便更好地做出决定；规划师和技术专家则需要借助于知识库和数据挖掘技术来从成功的和不成功的规划案例中获取知识，对同一个规划方案不同用户的反馈信息加以分析，也能得到一些有价值的新信息。最后，要建立一个人人都能用得起的 Web 服务，必须借助于网络技术，它最大限度地减少了传统的公众参与方式对参与时间和空间的限制，使得 PPGIS 成为一种实时的在线决策支持系统。对于一个成功的 PPGIS 项目来说，这些都是需要不断完善、积累和更新的过程[5]。

经过上述分析，笔者认为 PPGIS 的技术体系包含以下几个方面：WebGIS 技术、分布式空间数据库技术、协同式空间决策技术、空间信息 Web 服务技术、虚拟现实技术、人机交互与多媒体技术、知识库和数据挖掘技术、移动互联网技术等。

2.1　WebGIS 技术

2.1.1　WebGIS 概述

随着计算机技术的飞速发展，GIS 无论是理论上还是应用上都在向纵深方向发展。人们已经意识到传统单机模式的 GIS 系统，其服务功能、应用功能远远不能满足信息时代用户的需要，GIS 的大投入与低产出的矛盾在传统封闭式的 GIS 系统中不可能得以解决。Internet 和 Intranet 的快速发展，给 GIS 产业带来了新的发展机遇，WebGIS 应运而生[5]。

WebGIS 又称为万维网地理信息系统，是一种基于 Internet/Intranet 的技术标准和通信协议的网络化地理信息系统，它是 GIS 技术和 Internet/Intranet 技术相结合的产物。WebGIS 不但具有大部分乃至全部传统 GIS 软件具有的功能，而且还具有利用 Internet 优势的特有功能，即用户不必在自己的本地计算机上安装 GIS 软件就可以在 Internet 上访问远程的 GIS 数据和应用程序，进行 GIS 分析，在 Internet 上提供交互的地图和数据。WebGIS 的关键特征是面向对象、分布式和互操作。任何 GIS 数据和功能都是一个对象，这些对象部署在 Internet 的不同服务器上，当需要时进行装配和集成。Internet 上的任何其他系统都能和这些对象进行交换和交互操作[144]。WebGIS 所支持的主要技术标准如表 2-1 所示。

表 2-1 　　　　　　　　　　**WebGIS 所支持的主要技术标准**[144]

基础技术	项　　目
网络通信协议	TCP/IP
文档和文件传输	HTTP，SHTTP
文档显示与应用程序集成	HTML，XML，XHTML
客户端集成	Plug-In，ActiveX，JavaApplet
服务器端集成	CGI，服务器 API，Java
客户端扩展	HTML，Javascript，VBScript
服务器端扩展	CGI，服务器 API，Java

2.1.2　WebGIS 的体系结构

WebGIS 的体系结构如图 2-1 所示，WebGIS 的客户端是 Web 浏览器，通过安装 GIS Plug-In、下载 GIS ActiveX 或 GIS Java Applets，实现客户端的 GIS 计算[145]。

Web 服务器端由 WWW 服务器、GIS 服务器、GIS 元数据服务器以及数据库服务器组成。其中，WWW 服务器接收客户端的 GIS 服务请求，传递给 GIS 服务器或 GIS 元数据服务器，并把结果送回给客户。GIS 服务器完成客户的 GIS 服务请求的功能，将结果转为 HTML 页面或直接把 GIS 数据通过 WWW 服务器返回客户端；GIS 服务器也能同客户端的 GIS Plug-In/ActiveX/Java Applets 直接通信，完成 GIS 服务。GIS 元数据服务器管理服务器端的 GIS 数据，为客户提供 GIS 数据检索、查询服务。另外，在 WWW 服务器和 GIS 服务器间还可以增加 GIS 服务代理，协调服务器端 GIS 软件、GIS 数据库和 GIS 应用程序间的通信，提高 GIS 服务器性能[5]。

2.1.3　WebGIS 的基本特征

1. WebGIS 是集成的全球化的客户/服务器网络系统

WebGIS 应用客户/服务器概念来执行 GIS 的分析任务。它把任务分为服务器端和客户端两部分，客户可以从服务器请求数据、分析工具或模块，服务器或者执行客户的请求并

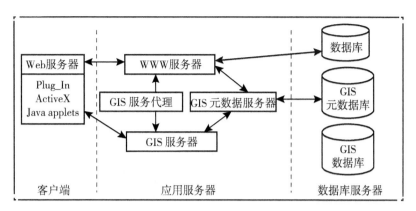

图 2-1 WebGIS 的体系结构[145]

把结果通过网络送回给客户，或者把数据和分析工具发送给客户供客户端使用[146]。

2. WebGIS 是交互系统

WebGIS 可使用户在 Internet 上操作 GIS 地图和数据，用 Web 浏览器(IE、Netscape 等)执行部分基本的 GIS 功能，如 Zoom(缩放)、Pan(拖动)、Query(查询)和 Label(标注)；也可以执行空间查询，如"离你最近的旅馆或饭店在哪儿"；或者更先进的空间分析，比如缓冲分析和网络分析等。在 Web 上使用 WebGIS 就和在本地计算机上使用桌面 GIS 软件一样。通过超链接(Hyperlink)，WWW 提供在 Internet 上最自然的交互性。通常用户通过超链接所浏览的 Web 页面是由 WWW 开发者组织的静态图形和文本，这些图形大部分是 JPEG 和 GIF 格式的文件，因此用户无法操作地图，甚至连缩放平移、查询这样简单的分析功能都无法执行[146]。

3. WebGIS 是分布式系统

GIS 数据和分析工具是独立的组件和模块，WebGIS 利用 Internet 的这种分布式系统把 GIS 数据和分析工具部署在网络不同的计算机上，用户可以从网络的任何地方访问这些数据和应用程序，即不需要在本地计算机上安装 GIS 数据和应用程序，只要把请求发送到服务器，服务器就会把数据和分析工具模块传送给用户，达到 Just-in-time 的性能。Internet 的一个特点就是它可以访问分布式数据库和执行分布式处理，即信息和应用可以部署在跨越整个 Internet 的不同计算机上[146]。

4. WebGIS 是动态系统

由于 WebGIS 是分布式系统，数据库和应用程序部署在网络的不同计算机上，随时可被管理员更新。对于 Internet 上的每个用户来说，可以得到最新可用的数据和应用，即只要数据源发生变化，WebGIS 就会更新数据源的动态链接，保持数据和软件的现势性[146]。

5. WebGIS 是跨平台系统

WebGIS 对任何计算机和操作系统都没有限制。只要能访问 Internet，用户就可以访问和使用 WebGIS，而不必关心用户运行的操作系统是什么。随着 Java 的发展，未来的 WebGIS 可以做到"一次编写，到处运行"，使 WebGIS 的跨平台特性走向更高层次[5]。

6. WebGIS 能访问 Internet 异构环境下的多种 GIS 数据和功能

此特性是未来 WebGIS 的发展方向。异构环境下在 GIS 用户组间访问和共享 GIS 数据、功能和应用程序，需要很高的互操作性。OGC 提出的开放式地理数据互操作规范（Open Geodata Interoperablity Specifications）为 GIS 互操作性提出了基本的规则。其中有很多问题需要解决，例如数据格式的标准、数据交换和访问的标准、GIS 分析组件的标准规范等。随着 Internet 技术和标准的飞速发展，完全互操作的 WebGIS 将会成为现实[5]。

7. WebGIS 是图形化的超媒体信息系统

使用 Web 上超媒体系统技术，WebGIS 通过超媒体热链接可以链接不同的地图页面。例如，用户可以在浏览全国地图时，通过单击地图上的热链接，而进入相应的省地图进行浏览。另外，WWW 为 WebGIS 提供了集成多媒体信息的能力，把视频、音频、地图、文本等集中到相同的 Web 页面，极大地丰富了 GIS 的内容和表现能力[5]。

2.1.4　WebGIS 的实现技术

目前已经有多种不同的技术方法被应用于研制实现 WebGIS，包括通用网关接口（CGI）方法、服务器应用程序接口（Server API）方法、插件（Plug-ins）法、Java Applet 方法以及 ActiveX 方法等。Internet/Intranet 网络应用开发技术已从第一代的 CGI 技术发展到第二代的 Plug-in 技术及目前流行的以 Java 为代表的 Internet 网络开发语言[5]。

下面对这些技术进行简单的描述和比较。

1. CGI 方法

CGI 是一个用于 Web 服务器和客户端浏览器之间的特定标准，它允许网页用户通过网页的命令来启动一个存在于网页服务器主机的程序（称为 CGI 程序），并且接收到这个程序的输出结果。CGI 是最早实现动态网页的技术，它使用户可以通过浏览器进行交互操作，并得到相应的操作结果，如图 2-2 所示。利用 CGI 可以生成图像，然后传递到客户端浏览器（目前大多数主页的访问者计数器就是采用 CGI 程序实现的）。这样，从理论上讲，任何一个 GIS 软件都可以通过 CGI 连接到 Web 上去，远程用户通过浏览器发出请求，服务器将请求传递给后端的 GIS 软件，GIS 软件按照要求产生一幅数字图像，传回远程用户[20, 147]。

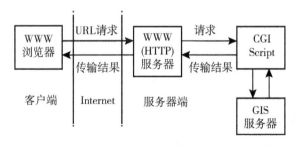

图 2-2　基于 CGI 模式的 WebGIS 体系结构[20, 147]

这种方法的优点在于，运行速度较快，因为它不需要每次启动后端的 GIS 软件，同时可以利用商业化 GIS 软件产生高质量的地图。事实上 GIS 软件的所有功能都可以被利用起来。然而这种方法仍有许多不足之处，首先，很难同时运行多个 CGI 程序，因为受软硬件的限制，可同时运行的 GIS 软件的份数通常是有限的，同时亦很难跟踪看出哪个用户用哪份程序。CGI 结构中，Client 端仅起了一个哑终端的作用，其功能限于向 Server 发送用户请求和显示所接受的 Server 的处理结果，Server 承担了一切计算功能。这种模式并没有实现真正的分布式协同计算，它仅适用于封闭环境的小型局域网，对于开放型的 Internet 网络很容易引起服务器的过载。其次，这种方法需要制图软件一直处于运行状态，这不仅要求 GIS 软件所在的服务器一直联机而且也消耗不少计算机资源。当互联网的流量较低时，这种系统会保持良好的运行状态。但多个用户同时访问服务器时，多个 CGI 备份的同时运行会导致服务器负载过重而降低效率，使运行速度大大降低。显然，用户产生的每一个事件都要通过互联网，由服务器来处理，当互联网流量较高时，CGI 并不是一种理想的技术路线。目前市场上推出的 WebGIS 系统软件，有一部分就是利用这一原理实现的，如美国 ESRI 公司的 ArcView Server 和 MapInfo 公司的 MapInfo Proserver。这种实现方式的风险在于要在目前的 Internet/Intranet 上发布和传输 GIS 数据信息的技术难点，一方面是现有的网络浏览器不能读取矢量图形数据。矢量数据在网上传输就得先在服务器端转换成栅格图形数据，如 BMP、JPEG 等，这样一转换就使数据量增大许多倍，使本已拥挤的网络不堪重负；另一方面，传统的 GIS 原有的数据类型与 Internet/Intranet 现有的数据类型相距甚远，要在浏览器上实现原有的许多操作变得很困难。用这种技术方法构造 WebGIS 具有简单易行的特点，适用于对原有 GIS 系统的网络化改造[20, 147]。

2. Server API 方法

Server API 类似于 CGI，不同之处在于 CGI 程序是单独可以运行的程序，而 Server API 往往依附于特定的 Web 服务器，如 Microsoft IISAPI 依附于 IIS(Internet Information Server)，只能在 Windows 平台上运行，其可移植性较差。但是 Server API 启动后会一直处于运行状态，其速度较 CGI 快，如图 2-3 所示。

图 2-3　WebGIS 中 Server API 方法的工作原理

3. Plug-in 方法

利用 CGI 或者 Server API，虽然增强了客户端的交互性，但是用户得到的信息依然是静态的。用户不能操作单个地理实体以及快速缩放地图，因为在客户端，整个地图是一个实体，任何 GIS 操作，如放大、缩小、漫游等操作都需要服务器完成并将结果返回。当网络流量较高时，系统反应变慢。解决该问题的一个办法是利用插件技术，浏览器插件是指能够同浏览器交换信息的软件，第三方软件开发商可以开发插件以使浏览器支持其特定格式的数据文件。利用浏览器插件，可以将一部分服务器的功能转移到客户端，此外对于 WebGIS 而言，插件处理和传输的是矢量格式空间数据，其数据量较小，这样就加快了用户操作的反应速度，减少了网络流量和服务器负载，如图 2-4 所示。插件的不足之处在于平台独立性不强，对不同的浏览器具有不同的依赖性。同时，它需要先安装，然后才能使用，也给使用带来了不便[5]。

目前流行的 Internet/Intranet 网络浏览器均具有应用程序接口（API），目的就是方便网络开发商和用户扩展与网络的相关应用。实际上，这种方法构造 WebGIS 系统的思路和原理与 CGI 技术方法有许多相似的地方，所不同的是 Plug-in 技术方法是在客户端的浏览器上增加一个能识别矢量图形数据的插件。通过这样的插件，使得服务器端的矢量图形数据无须转换就能直接为用户浏览、查询和分析等，大大减少了网络的数据传输量，较好地解决了网络上图形数据信息的传输"瓶颈"[5]。

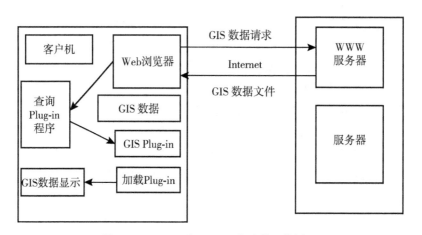

图 2-4　WebGIS 中 Plug-in 方法的工作原理

美国 Autodesk 公司的 MapGuide 就是基于这一原理的 WebGIS 系统平台。这一系统利用位于客户端的 MapGuide Plug-in 插件和服务器端的 MapGuide Server，通过其特有的"地图窗口件"（MWF）的智能地图文件，这种文件包含一般的地图属性、安全信息、地图图层属性、原始地图数据和用户接口规程等信息来实现基于矢量的图形数据信息的各种操作和管理，包括图形数据的动态发布与图层管理等。这种技术方法的特点是以通用的浏览器为载体或平台，易于操作使用。同时它是嵌入式的插件，它自身所提供的强大的图形及数据库操作功能与浏览器的功能相结合，较好地解决了各种图形与属性数据的全方位浏览、检索、查询和统计分析等操作功能。此外，美国 Intergraph 公司的 Geomedia Map 也是采用 Plug-in 插件技术方法实现的 WebGIS 系统软件[5]。

4. Java Applet 方法

WebGIS 插件可以和浏览器一起有效地处理空间数据，但是其明显的不足之处在于计算集中于客户端，称为"胖客户端"；而对于 CGI 方法以及 Server API 方法，数据处理在服务器端进行，形成"瘦客户端"。利用 Java 语言可以弥补许多传统方法的不足，Java 语言是一种面向对象的语言，它的最大的优点是其跨平台特性。此外 Java 语言本身支持异常处理、网络、多线程等特性，其可靠性和安全性使其成为因特网上重要的编程语言。Java 语言经过编译后，生成与平台无关的字节代码(Bytecode)，可以被不同平台的 Java 虚拟机 (JVM-Java Virtual Machine)解释执行[5]。Java 程序有两种，一种可以独立运行，另一种称为 JavaApplet，只能嵌入 HTML 文件中，被浏览器解释执行，如图 2-5 所示。用 Java Applet 实现 WebGIS，优于插件方法的是：①运行时，Applet 从服务器下载，不需要进行软件安装；②由于 Java 语言本身支持网络功能，可以实现 Applet 与服务器程序的直接连接，从而使数据处理操作既可以在服务器上实现，又可以在客户端实现，以实现两端负载的平衡。由于 Java 所具有的这些功能特点，使其成为实现 WebGIS 分布式应用体系结构的理想开发语言。

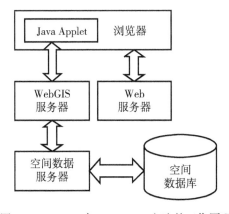

图 2-5　WebGIS 中 JavaApplet 方法的工作原理

　　从具体的实现方式上讲，目前利用 Java 编程语言开发 WebGIS 系统的方法可分为两种。一种是仅利用 Java 开发客户端的 GIS 功能[148]，而服务器端仍以传统的开发方式进行开发或干脆对原有的系统进行适当的改造。这种方法的特点是系统开发简单易行，能充分利用原有基础，可以大大缩短系统的开发周期，同时又能保证开发的 WebGIS 系统具有较强的制图和地理空间分析能力。另一种方法，不管是客户端还是服务器端都是利用 Java 编程语言从系统的最底层开始开发。这是一种全新的开发方式。但由于这种开发方式一切都得从头做起，系统开发的工作量很大、周期长，具有相当的难度。以上这些技术方法，在基本原理和思路上是有同有异、各有千秋。主要差异是在着重点和技术路线上。这里把它们细分出来，一方面为了突出它们的特点和技术路线，另一方面也是为了叙述上的方便。所以，在具体开发 WebGIS 系统中，可以同时借用不同的方法，如 Autodesk 公司的 MapGuide 的 Plug-In 插件就与 Java Applet 标准之间有着较紧密的集成关系。使用 JavaApplet 和嵌入在 HTML 文档之中的 JavaApplet，开发者能够在最终用户与 HTML 源文件的交互中，或与 Autodesk 的 MapGuide 的内部功能交互中实现双向通信，为开发者开发客户端功能提供了多种选择[5]。

5. ActiveX 方法

另一项可以实现 WebGIS 的技术是 ActiveX，它是在微软公司 OLE 技术基础上发展起来的因特网新技术。其基础是 DCOM(Distributed Component Object Model)，它不是计算机语言，而是一个技术标准。基于这种标准开发出来的构件称为 ActiveX 控件，可以像 Java Applet 一样嵌入到 HTML 文件中，在因特网上运行。与 Java Applet 相比，其缺点是只能运行于 Windows 平台上，并且由于可以进行磁盘操作，其安全性较差，但其优点是执行速度快。此外由于 AetiveX 控件可以用多种语言实现，这样就可以复用原有 GIS 软件的源代码，提高了软件开发效率。微软公司的网络构件对象模型 COM 技术和 ActiveX 控件技术方法具备构造各种 GIS 系统功能模块的能力。利用这些技术方法和与之相应的 OLE(对象连接与嵌入)、SDE(空间数据引擎)技术方法相结合，可以开发出功能强大的 WebGIS 系统。如美国 ESRI 公司于 1997 年推出的 MapObjects 就是一个利用 ActiveX 等技术方法建立的 GIS 系统软件。MapObjects 包括 1 个 ActiveX 控件和 35 个以上的可编程的 Active Automation 组件，拥有很强的 GIS 功能和制图功能。用户可调用这些构件来建立自己的 WebGIS 应用系统。同时支持诸如 VB、VC、Delphi 和 Power Builder 等多种开发环境。用这种技术方法构建的 WebGIS 系统，具有很好的灵活性，扩展能力强，可充分利用客户机/服务器体系结构的优势。目前，在 WWW 领域，可扩展标记语言(Extensible Markup Language，XML)得到了越来越多的重视。它可以成为一种"元语言"，用于定义特定领域的标记语言。同样在空间信息的 Internet 发布中，也可以采用 XML 来定义地理信息的特定语言标记，以简单而一致的方式格式化和传送数据[5]。

支持网络化通信技术标准，对于一个 WebGIS 的应用至关重要[149]。支持 TCP/IP 和 HTTP，就意味着 WebGIS 能够与任何地方的数据相连，网络化分布式 GIS 系统技术应用体系结构的优点是在客户端与服务器端均能提供方便的可执行进程，能有效地平衡客户机端与服务器端之间的处理负载，可以使动态地理数据的提取、分析等进程分配在服务器端进行(因为同一幅地图数据文档可能是来自不同服务器的地图数据或图层)。而空间查询集的选定、地图缩放、平移和专题地图生成等进程任务则分配在客户机端执行。这样可以强化服务器对数据访问的响应性能，使得有更方便的方法实现与空间数据相关的应用分析。这种客户机与服务器之间的进程分布式处理，能够最大限度地发挥现有计算机硬件资源的效用。而且，当对网络性能的需求提高时，只要适当地提高服务器的处理能力就能实现。这种方法可能产生的问题是在当前网络传输能力条件下，由于支持动态地访问地理空间数据信息，对网络的传输速率要求较高。Internet 就是以 TCP/IP 通信技术协议规定、DNS 域名服务和 SMTP 简单的邮件传输协议为基础，以 WWW 和 FTP 服务为支撑，实现多服务器和多平台的相互连接的计算机通信网络，目前它已成为企业或部门内外各种信息管理和交换服务的平台[5]。

以上是对 WebGIS 实现技术的介绍，表 2-2 对它们的优缺点加以总结。

表 2-2 **WebGIS 多种实现技术的优缺点比较**[20]

技术类型	优点	缺点
CGI	客户端小；处理大型 GIS 操作分析的功能强；充分利用服务器现有资源	网络传输和服务器的负担重；同步多请求问题；作为静态图像，JPEG 和 GIF 是客户端操作的唯一形式
Server API	不像 CGI 那样每次都要重新启动，其速度较 CGI 快得多	需要依附于特定的 Web 服务器和计算机平台
Plug-in	服务器和网络传输的负担轻；可直接操作 GIS 数据，速度快	需要先下载安装到客户机上；与平台和操作系统相关；对于不同的 GIS 数据类型，需要有相应的 GIS Plug-in 支持
ActiveX	执行速度快；具有动态可重复代码模块	与操作系统相关；需要下载、安装，占用存储空间；安全性较差；对于不同的 GIS 数据类型，需要有相应的 GIS ActiveX 控件来支持
Java Applet	与平台和操作系统无关；实时下载运行，无需预先安装；GIS 操作速度快；服务器和网络传输的负担轻	GIS 数据的保存、分析结果的存储和网络资源的使用能力有限；处理较大的 GIS 分析任务能力有限

2.2 分布式空间数据库技术

2.2.1 分布式空间数据库概述

GIS 最早使用数据库技术时都是利用关系型数据库存储属性数据，而空间数据本身由于其结构不合关系型范式的规范而不得不使用文件管理。20 世纪 70 年代以来，学术界和企业界都对如何利用数据库管理空间数据进行了大量研究，形成了空间数据库这一多学科交叉的研究领域。空间数据库是管理空间数据的数据库，是传统数据库管理技术与 GIS 技术结合并发展而产生的交叉、综合技术。对单机版的 GIS 和纯粹的 WebGIS 而言，其空间数据库都集中在一起，称为集中式数据库（单机版的 GIS 数据库位于本机上，WebGIS 的数据库主要集中于服务器端）。而 PPGIS 显然要比 WebGIS 更复杂，它需要的数据类型多，数据量大。其中包括空间数据、属性数据、经济数据、统计数据、人口数据、环境数据等。这些数据分别属于不同的行业和部门，在网络中处于不同的节点上。当处理复杂的空间计算和空间问题时，需要大量用到各种类型和各个部门的数据。怎样管理和维护这些复杂的、类型多样的空间数据，就涉及分布式空间数据库技术[5]。

2.2.2 分布式空间数据库的特点

分布式空间数据库系统由若干个站点集合而成，这些站点又称为节点，他们通过网络连接在一起。每个节点都是一个独立的空间数据库系统，但它们都拥有各自的数据库和相应的管理系统及分析工具。整个数据库在物理上存储于不同的设备上，而在逻辑上则是一个统一的数据库，用户在应用时可以不考虑数据存储的具体物理位置，就像对集中式数据库一样来访问分布式数据库[150]。

一个典型的分布式空间数据库有如下特点：

①在分布式数据库系统里不强调集中控制概念，它具有一个以全局数据库管理员为基础的分层控制结构，但是每个局部数据库管理员都具有高度的自主权。

②数据独立性。在集中式数据库系统中，数据独立性包括两个方面：数据的逻辑独立性与物理独立性，其含义是用户应用程序与数据的全局逻辑结构、数据的存储结构无关。尽管数据库可能位于不同的物理节点上，但用户看到的是一个完整的统一的数据库——逻辑数据库，可以很方便地访问逻辑数据库中的任何数据，而不需要关心他所需要的数据是存储在哪个节点上。

③适当的数据冗余。与集中式数据库系统不同，数据冗余被认为是分布式系统中被看做是所需要的特性。首先，如果在需要的节点复制数据，则可以提高局部的特性。其次，当某节点发生故障时，可以操作其他节点上的复制数据，因此这可以增加系统的有效性。

2.2.3　分布式空间数据库的结构

分布式空间数据库的结构有多种，其中比较常用的一种是基于空间元数据的结构。所谓空间元数据（Metadata）就是关于空间数据的数据，它是对空间数据库有关情况的描述。一般说来，元数据库是以关系型数据为基础建立的。在空间元数据库中，每条记录都代表一个空间数据库，它包括对该空间数据库基本情况的描述，例如覆盖的地理范围、数据精度、投影方式、数据用途、数据生产时间、数据生产方式等一系列标准因素。在分布式存储的框架下，元数据的一个重要字段就是服务器地址，即某个空间数据库所处的服务器的网络地址或序号。在基于空间元数据的分布式空间数据库中，除了一系列用于提供空间数据服务的服务器站点以外，还应当有一个中心服务器，用于对上述所有服务器进行总控管理，其中最主要的就是对所有空间数据库的元数据进行管理，即存储了一个统一的空间元数据库，它描述了上述所有服务器站点上所有空间数据库的情况，并可以通过每条元数据访问到它所对应的空间数据库。在每个空间数据库服务器上，也有一个元数据库，它描述了该服务器上所有空间数据库的情况。当该元数据发生更新时，服务器会通过消息将更新情况发到中心服务器，由中心服务器上的元数据管理系统自动更新总的空间元数据库。客户对分布式数据库的访问一般是通过中心服务器进行的，当然也可以直接访问各个分站点[5]。这种分布式空间数据库的框架结构见图 2-6。

2.2.4　数据库管理模式

1. Oracle 数据库管理模式

Oracle 是以高级结构化查询语言（SQL）为基础的大型关系数据库。它用方便逻辑管理的语言操作大量有规律数据的集合，是目前最流行的客户/服务器体系结构的数据库之一。其中，Oracle9i 是一个面向 Internet 环境的数据库，它为用户提供了一个开放的、高性能的 Web 服务器系统。Oracle 系统有许多优良特性，特别是它提供了分布式数据库能力和

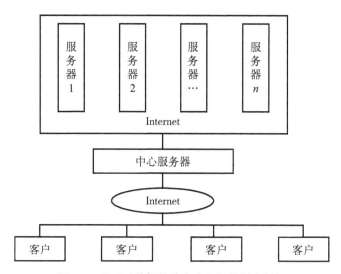

图 2-6 基于元数据的分布式空间数据库框架

空间数据管理功能，可以通过网络较方便地读写远端数据库里的数据。Oracle Spatial Data Option 对数据存储进行了扩充，是目前唯一能支持空间数据操作的关系数据库，它提供了大量空间数据的存储、管理和查询检索功能[5]。

2. ESRI 系列产品管理模式

ESRI 为各种平台提供了全系列的 GIS 解决方案，以对那些用于标准 SQL 数据库软件的分布式空间数据进行管理。对于分布式环境来说，它有两种在 Internet/Intranet 上发布地图数据的方法。一种是基于 MapObjects 的 IMS，另一种是 ArcIMS。基于 MapObjects 的 IMS 可将用户用 MapObjects 开发的应用及系统数据在 Internet（或 Intranet）上发布出来。MapObjects 为用户提供了一种基于 OLE 的开发环境，包括 ActiveX 控件 Map 和 WebLink 以及 35 个以上可编程组件。MapObjects 可以广泛地使用在各种开发平台上，如 Visual Basic、Delphi、Visual C++、PowerBuilder 等，使用户可以根据自己的实际情况，开发出符合自己要求的 Internet 应用。ArcIMS 是一个基于 Internet 的 GIS，它可以集中建立大范围的 GIS 地图、数据和应用，并将这些结果提供给组织内部的或 Internet 上的广大用户。ArcIMS 包括了客户端和服务器端两方面的技术。它扩展了普通站点，使其能够提供数据和应用服务。ArcIMS 包括了免费的 HTML 和 Java 浏览工具，但 ArcIMS 同时也支持其他的客户端，比如，ArcGIS Desktop、ArcPad 和无线设备。ESRI 提供的空间数据服务的软件为 ArcSDE，而客户端软件则有 ArcView、MapObjects、ARC/INFO、Intranet/Internet Map Server、MapObjects IMS、ArcView IMS 等[5]。

2.3 协同式空间决策技术

2.3.1 基本概念

20 世纪 60 年代末 70 年代初，信息管理系统（Management of Information System，MIS）

中存在一定的不足，决策支持系统(Decision Support System，DSS)作为对该问题的响应而获得了发展。当时的 MIS 系统不具有分析建模能力和方便决策者与解决过程交互的能力。DSS 为综合数据库管理系统、分析模型和图形的集成提供了一个框架，目的是改进决策过程。它们被设计成能处理非结构或半结构化的问题，这些问题在自然界中缺乏定义并且是部分定性的。在 DSS 的发展中，决策支持系统的概念延伸到空间领域，形成空间决策支持系统(Spatial Decision Support System，SDSS)[151-153]。SDSS 的体系结构如图 2-7 所示。

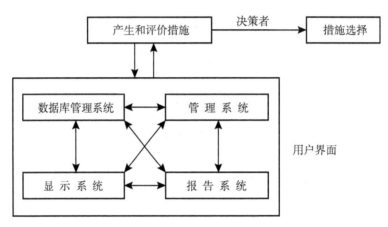

图 2-7　空间决策支持系统(SDSS)的体系结构[154]

而对于 PPGIS 来说，它所研究的空间决策问题都是半结构化或者非结构化的，而这些决策问题经常有下列特点[155]：

①通常无法了解与决策有关的全部信息，也不完全清楚空间过程的行为机理。还有很多未知因素难以定量建模，对它们的结构也所知甚少或一无所知。只有结合人的经验和模糊的概念模型才有可能做出比较正确的判断。

②能够得到的信息已经非常复杂，它们与决策目标的关系也各不相同，有的重要，有的次要，有的可以忽略。

③现代的空间决策问题已不再是单一用户的问题，经常涉及多个利益团体和个人。他们对关系到切身利益的决策问题有极为强烈的参与意识，而且他们对问题的看法一般会不尽相同，甚至相互矛盾。

④决策者面临的选择或方案会有很多，甚至于无穷多。如何产生合理的待选方案集，逐一评估并遴选出最佳选择是决策的关键问题。这必须借助于计算机的支持。

因此，解决这一类问题应该使相关组织或个人参与到决策过程中去，并提供方便有效的计算机决策支持，使人们能够很好地理解、探索问题、共同协作、评估方案、求同存异、达成共识。在决策过程中怎样考虑这些参与者的决策结果，怎样解决各个参与者对同一个问题进行决策时的冲突问题，这就是协同式空间决策系统(Collaborative Spatial Decision Support System，CSDSS)[5]。

2.3.2 CSDSS 的基本特征

协同式空间决策支持系统是随着的空间决策支持系统的概念出现后逐渐为人们所重视的。地理学的研究、实践和教育等，从本质上来说都是一种群体的活动。协同式空间决策支持系统是信息化、网络化和计算机技术发展的产物，它是一个新的研究领域。凡是具有群体协作特征、可以采用计算机及网络技术的领域，都可以采用 SCW(计算机支持的协同工作)技术改善群体成员之间的关系，提高工作效率和质量[156, 157]。

美国国家地理信息与分析中心(National Center for Geographic Information and Analysis, NCGIA)认为协同式空间决策支持系统的定义是：协同式空间决策支持系统是空间支持系统与计算机协同工作环境的集成，该环境将为工作组决策者提供包括文本、数据和图形信息的交流，利用工作组分析、统一意见形成和表决等一组通用功能，支持工作组决策者在解决病态空间问题时形成多种决策方案[139, 158]。

协同式空间决策要通过协调将统一群体对空间问题决策方案的意见，其基本特征如下所述。

1. 空间和时间的多样性

根据协同空间决策用户应用系统时间特征的不同，可以分为同步协同和异步协同两种模式；根据决策环境的不同，又可以分为同地协同和通过网络进行的异地协同两种模式。因此，上述几种情况组合可以产生 4 种方式的协同空间决策。从共享数据、信息、可视化结果以及协同分析与建模，到协同方案创建和分析，协同系统要支持不同层次的协同，解决数据共享问题[5]。

2. 复杂性

空间问题往往具有复杂性。如果要对空间问题处理提供有效的支持，必须紧紧围绕空间问题的复杂特征。空间问题的复杂性来源于多方面因素，首先来自于对问题求解空间充分理解的技术复杂性；其次，当问题有多个目标时，会导致多个问题求解的冲突；最后由于决策者兴趣、能力等因素的不同，会导致决策目标的不同和冲突。因此对不同目标的描述就会产生混淆，决策目标随着对决策方案的理解会发生变化，相应地会导致求解问题及其方案的变化[5]。

3. 多用户参与

可以让所有工作组成员参加空间问题决策的全过程，允许所有成员访问各种信息资源，利用系统提供的工具对决策问题进行分析、处理、建模，并参与决策方案的形成、分析和表决。

4. 可视化交互性

协同空间问题求解的核心是寻找将所有问题的复杂性表现出来的形式化方法。可视化工具可以支持工作组对多准则决策模型集成，通过动态数据交换可以实现多准则方案分析与生成方案在地图上展示。当新的方案变化时，可以向不同的工作组成员同步或异步展示。在分析不同的决策方案过程中，需要根据各种条件的交互输入变化，对各种空间对象的时空变化进行分析，研究各种变化的影响[5]。

5. 方案协商探索

对于复杂的空间决策问题，很难提出最佳的决策方案。工作组决策过程的核心是对可选方案的生成和表达。每一个方案是决策成员建议的，或是一些动作执行的结果。每一个步骤可以分解为一组附加的任务，每一个任务可以成为工作组讨论的主题。方案的生成和规范通常需要几个运算步骤连接在一起形成一条解决途径，该途径可以满足一个或多个工作组成员形成一致的结论，是一个反复研究与分析的过程。当多种方案由决策成员形成后，需要为不同决策选择提供对比的分析方法。在每种情况下，方案的评估和对比要在工作组集体评估环境下进行，形成一致的意见[5]。

2.3.3　CSDSS 的主要技术

在协同空间决策支撑技术方面，Faber 提出协同空间决策与数据输入、交互分析、建议生成、表决与优先、协商、建模和输出等方面的技术紧密相关。Jankowski 在开发协同空间决策支持系统工具 Spatial Group Choice 时，提出协同空间决策支持系统应对空间问题的决策议程进行引导，包括问题探求、标准选择、标准优选、方案分析，一致意见协商等，允许用户按任意次序选择工具和处理过程，提供决策空间的开发工具和分析技术，除了地图和数据可视化功能，CSDSS 还需要支持工作组成员间的信息交流，支持多标准评估能力，方案运行比较，方案投票与一致意见的生成等[159]。归纳起来，协同空间决策涉及的主要技术包括：

(1) 信息的交流与共享技术

该技术包括支持工作组成员间的信息交流(一对一)，工作组成员与协调员之间的信息交流(一对多)。每个决策者在各自的工作站观察到系统的各种信息资源，支持不同层次数据共享和并行工作。当一个决策者在各自的视图上添加、删除、移动、修改对象后，就要把修改结果立即通知给其他决策者，其结果立即反映在所有参加者的视图中[5]。

(2) 图形化探索分析技术

利用协同空间信息查询、分析与可视化工具，可以经过查询、统计、分析，对空间决策问题进行协同探索性分析，通过数据、图形、图像、知识等信息建立决策区域的整体背景知识和空间决策问题用于分析的变量，以避免信息不足、不精确或不详细而造成决策的失误[5]。

(3) 决策建议与方案生成技术

针对空间决策问题的特点，通过协同空间分析和建模，利用协同空间决策方案生成和展示工具，由工作组用户协同生成空间决策问题解决方案的各种元素或不同运算步骤的组合，并进行图形化展示。利用协同空间决策方案折中与表决工具，使工作组成员明确对不同方案的偏好，而且要使他们明确表明对不同方案有何不同和相同意见。当决策组成员观点不同时，提供解决分歧的方法，最终形成一致意见。涉及利用白板区鼓励参与决策者进行交流和协同。不同的参加者存在背景、决策过程和方法的差异，要使他们明确表明对不同方案持何种观点，解决不可避免的冲突。由于对一个方案优点的支持和争论是决策的重要组成部分，尤其是不存在单一最理想解决方案的情况下，系统必须提供一种方法支持决策者交流和重新设计。除了标准的制图和报告制作工具外，任意方式的概图绘制工具是必要的,以支持用户在地图上或表格上标注和强调,标注方案的明显问题和优点[5]。

该技术涉及初始化、中断、用户加入和离开的管理。系统需要动态设置,解决新加入者共享主题、输出结果的复制等问题。其基本功能包括:系统可以重播事件的历史过程;系统可以传递应用的状态,并将其下载到新用户;过程移植技术用于将共享应用复制到新用户工作站上[5]。

2.4 空间信息 Web 服务

2.4.1 Web 信息服务

IBM 公司对 Web 服务的定义为:Web 服务是新一代的 Web 应用,是可以通过 Web 发布、查找和调用的自包含、自描述的模块化应用。Web 服务执行从简单的请求到复杂的业务流程的任何功能。一旦 Web 服务被部署后,其他应用(和其他 Web 服务)就可以发现和调用已部署的服务。从技术实现的角度,IBM 还对 Web 服务进一步给出了明确的定义:Web 服务是描述一组采用标准的 XML 消息机制可以从网络访问的操作集的接口。Web 服务满足一项特定的任务或一组任务的需求,可以单独使用,也可以与其他 Web 服务一起实现一个复杂的功能集合或一项商业事务[160]。

Microsoft 公司对 Web 服务的定义为:Web 服务是可使用标准的 Internet 协议访问的可编程的应用逻辑。Web 服务结合了基于组件的软件开发方法和 Web 的优点,就像组件一样,Web 服务体现了可重用而无须顾虑服务如何实现的"黑箱"功能。但与目前的组件技术不同,Web 服务不能采用基于对象模型的协议如分布式对象模型(DCOM)、远程方法调用(RMI)和互联网对象请求代理互联协议(IIOP)来访问,而是要采用特有的 Web 协议和数据格式如超文本传输协议(HTTP)和扩展标记语言(XML)来访问,而且 Web 服务接口需要根据 Web 服务接受和产生的消息来严格定义。只要能创建和使用 Web 服务接口所需的预定义的消息,就能在任何平台采用任何语言来实现 Web 服务的使用[161]。

综上所述,服务指的是基于 Internet 的、可编程或基于 XML 文档的、完成特定任务、解决特定问题或事务以满足特定需求的软件模块。

Web 服务具有以下特征[162]:

①具有接口(可编程接口或基于文档),是程序之间的接口;
②可以使用属性来描述,并通过基于属性的描述来查找;
③服务接口隐藏了服务实现细节,具有软硬件平台无关性和编程语言无关性;
④服务是网络可访问或可调用的,相对于客户请求而存在;
⑤可管理,由参与者而不仅是用户来管理;
⑥可实现松耦合、组件式、交叉技术实现的应用集成;
⑦通过消息传递或数据交换以使应用、服务和设备协同工作;
⑧服务资源包括程序模块(小程序或服务器组件)、商业流程、数据和专家知识等。

根据这个定义,"服务"是一种业务逻辑的软件实现(含接口),而 Web 服务则是一种软件接口。图 2-8 就是一个典型的 Web 服务结构。

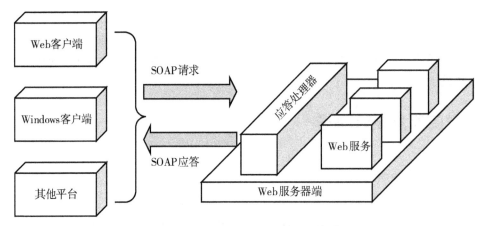

图 2-8　一个典型的 Web 服务结构[162]

2.4.2　Web 服务模型

　　Web 服务体系结构的基础是三种角色：服务供应者、服务注册库(服务中介)与服务需求者。三者之间存在的三种交互操作：发布、查找和绑定。服务角色和操作共同作用于 Web 服务内涵：Web 服务软件模块和服务描述。在典型的情况下，服务供应者拥有网络可访问的软件模块(即 Web 服务的实现)，并定义为一项 Web 服务的服务描述，然后向服务的需求者或服务注册库(服务中介)发布。服务请求者通过查找操作从本地或者服务注册库(服务代理)获取服务描述，并使用服务描述与服务供应者绑定，调用或交互执行 Web 服务的实现[160]。Web 服务模型如图 2-9 所示。

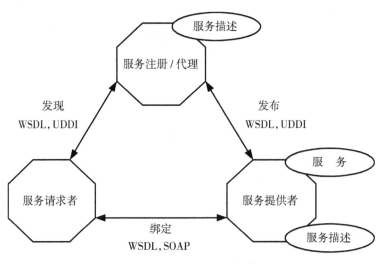

图 2-9　Web 服务模型[160]

1. Web 服务的组成

①服务供应者：从商业角度，是服务的所有者；从体系结构角度，是拥有服务访问权的宿主平台。从技术角度，主要功能是提供服务，并维护注册表以使服务可用。

②服务请求者：从商业角度看，是需要某些功能满足某种需求的应用。从体系结构角度，是查找并调用或初始化某项服务交互的应用。服务请求者的角色可以是人们使用的浏览器或者没有用户界面的一个程序(如另一个 Web 服务)。从技术角度，主要功能是通过服务中介发现 Web 服务，然后调用这些服务创建应用。

③服务注册库：是可搜索的服务供应者发布的服务描述的注册库。服务请求找到服务并获得服务描述中的绑定信息，包括服务开发过程中的静态绑定或服务执行过程中的动态绑定。服务注册库实际上是服务的注册交换中心，扮演着服务供应者和服务请求者之间中介角色。

2. Web 服务的交互操作

一个应用在使用 Web 服务时，单次或重复发生三类基本操作：

①发布操作：服务只有在发布了服务描述之后，才能被服务请求者发现和调用。服务发布到哪里取决于应用需求。

②查找操作：服务请求者直接或查询服务注册库获得所需服务的描述。查找操作在服务请求者的两个不同的时间段是不同的。在设计阶段为程序开发获取服务的接口描述，在运行阶段为服务调用获取绑定和定位信息。

③绑定操作：在绑定操作中，服务请求者在运行阶段使用服务描述中的绑定细节来定位、访问和调用目标服务，以调用或初始化一次服务交互。

3. Web 服务的内涵

①服务：Web 服务是由服务描述定义的接口。服务是部署在服务供应商所提供的网络可访问的平台上的软件模块，是 Web 服务的具体实现。服务是为被调用或与服务请求者交互而存在的，同时可作为服务请求者在其实现中使用其他的服务。

②服务描述：说明服务接口和实现的细节，包括数据类型、操作、绑定信息和网络位置，也可以包括分类和其他元数据以方便服务请求者发现和使用服务。服务描述可以发布到服务请求者或服务注册者。

4. Web 服务的基本技术标准

Web 服务的三个基本操作包含了三个标准技术：发布操作使用"通用描述、发现和集(UDDI)；查找操作使用 UDDI 和 Web 服务描述语言(WSDL)的组合；绑定操作处理 WSDL 和简单对象访问协议(SOAP)。从最基础的层次上看，绑定操作是三者中最重要的。它包含服务的实际使用，这也是发生大多数互操作性问题的地方。简单地说，服务提供者和服务请求者对 SOAP 规范的全力支持解决了这些问题，并实现了无缝互操作性[5]。

2.4.3 空间信息 Web 服务

1. 空间信息 Web 服务概念

根据前面关于服务的定义，若服务的属性描述具有地理空间定位特征，而且按照地理空间属性标准来描述，则这样的服务称为空间信息服务、地理信息服务或基于位置的服务。它们除具有服务的一般特征外，还具有地理空间定位的属性，可以基于地理空间属性描述来查找，使得任何人、任何地点、任何时间在任何智能设备通过网络可以获得服务。空间信息 Web 服务，指的是基于地理空间定位属性描述的 Web 服务。空间信息 Web 服务具有 Web 服务的基本角色：服务提供者、服务请求者和服务注册库。它的基本操作包括发布、发现和绑定，其基本内容有服务描述(接口)和服务(实现)。空间信息 Web 服务除了采用基本的 Web 服务技术协议外，还需要有关地理空间信息及处理的技术协议，目前主要由 OGC、ISO/TC 211 和 W3C 制订。OGC Web 服务(OWS)是典型的空间信息 Web 服务[5]。

2. OGC Web 服务概述

OGC Web 服务是一个基于标准的实现各种在线地理信息处理和位置服务无缝集成的框架。OGC Web 服务使得分布式地理信息处理系统能够使用 XML 和 HTTP 技术相互通信。OGC Web 服务提供了一个以服务(提供者)为中心的互操作框架，支持多种在线地理数据源、传感器产生的信息和地理信息处理能力基于 Web 的发现、访问、集成、分析、利用和可视化。

3. OGC Web 服务抽象模型

OGC 于 2001 年 3 月开始了 OWS-1 启动项目，其任务是提出支持地理空间 Web 服务互操作的定义和规范。OWS-1 分为多个阶段，每个阶段聚焦于特定的技术和规范，即线索集。OWS-1 线索集之一已完成了 OGC 现有功能组件的演示开发。OGC 目前正在规划和组织实施 OWS-1 线索集之二(OWS 1.2)。OGC Web 服务包含了两类主要组件：提供内容转换操作的组件和提供内容访问和描述操作的组件。前者称为"操作"组件，后者成为"数据"组件[5]。

2.5　虚拟现实技术

2.5.1　概念介绍

虚拟现实(VR)是一种可以创建和体验虚拟世界的，由计算机生成的高技术模拟系统[163]。该系统能够实现逼真的环境、自然的人机交互和迅速的响应。Burdea(1993)首次提到虚拟现实系统基本特征，即三个"I"，分别为 Immersion、Interaction、Imagination(沉浸性、交互性、构想性)[164]。

沉浸性是指用户置身一个"适人化"的多维信息空间。感到被虚拟世界所包围，就好像完全融入其中一样。其技术要点是感知系统和肌肉系统与 VR 系统的交互，只有通过各种感觉器官的逼真感受，才能产生沉浸于多维信息空间的仿真感觉。根据 Gibson 提出的感觉系统的概念模型，感知可分为视觉、听觉、触觉、味/嗅觉和方向五个部分，并把每一部分的发生机制分解为六种因素。交互性是指用户能通过自然的动作与虚拟世界的物体进行交互作用。构想性就是用户通过对虚拟环境中物体的操纵与观察加深对事物的认识和理解，从而启发新的构思。VR 系统具有良好的高效性、可控性、安全性、无破坏性，并且有使用灵活、易于修改、不受外界影响、不受空间和场地限制、可多次重复使用及系统运转费用低的特点，可广泛应用到军事、城市建设、医学与教育等领域。VR 应用到规划成果的表达中，可实现人们在网络世界的三维漫游，公众可以实实在在地感受到规划实施后的效果，感受未来城市。这种对规划项目的真实体验正是规划师、城市管理者最为渴求的[5]。

2.5.2 虚拟现实技术及开发工具

要设计和构建一个身临其境的 VR 系统，需要研究包括计算机图形学、图像处理与模式识别、智能接口技术、人工智能技术、多传感器技术、语音及音响技术、网络技术、并行处理技术等及其综合集成[163]。

PPGIS 可以创建基于万维网上的 VR 系统，即在线虚拟现实(Online VR)。Online VR 以三维图形境像为虚拟空间和场所，人在该虚拟世界中可以进行三维空间探索，并可与其他在线用户交谈、交互。这种 OnlineVR 并不一定需要头盔、立体眼镜、数据手套以及高性能的计算和图形处理软硬件设备，它把人与人之间的信息交流、社会互动作为重点[165]。

VR 系统用到的主要技术及工具有以下几种：

(1)实时图形图像技术

实时真实感图形学技术是在当前图形算法和硬件条件的限制下提出的在一定的时间内完成真实感图形图像绘制的技术。VR 系统要求图形与图像的刷新速率一般保持在 30 帖/秒，图形客体行为反应的滞后时间要小于 0.1s。一些快速算法表明，若要达到 30 帖/秒的更新速率，现代高性能的图形工作站每秒也只能处理 20000 个多边形场景；若要加上阴影和纹理，则处理的面必须更少，而且包括 20000 个多边形的模型也是相当粗略的。为了提高虚拟环境的逼真感，目前实时图形图像技术主要着眼于以下三种技术的研究：实时消隐技术、多边形表面简化技术和基于图像的图形绘制技术[166]。

①实时消隐技术决定了场景中哪些物体表面可见，哪些被遮挡不可见。常用消隐算法有点取样算法和区域特采样算法。

②多边形表面简化技术主要是通过降低显示三维场景模型的复杂度来实现，这种技术被称为层次细节(Level of Detail，LOD)显示和简化技术。原理是在不影响画面视觉效果的条件下，通过逐次简化景物的表面细节来减少场景的几何复杂性，从而提高绘制算法的效率。该技术通常对一个原始多面体模型建立几个不同逼近程度的几何模型。与原模型相比，每个模型均保留一定层次的细节，当从近处观察物体时，采用精细的模型；而当从远处观察物体时，则采用较粗糙的模型。这样对于一个较复杂场景而言，可以减少场景的复杂度，同时对于生成的真实图像的质量的损失还可以在用户给定的阈值以内，而生成图像的速度也可以提高。但是当视点连续变化时，在两个不同层次的模型之间就存在一个明显的跳跃，有必要在相邻层次的模型之间形成光滑的视觉过渡，使生成的真实感图像序列是视觉光滑的。该技术的研究主要集中于如何建立原始网格模型的不同层次细节的模型以及如何建立相邻层次的多边形网格模型之间的几何形状过渡。对于原始网格模型的不同层次细节的模型的建立，从网格的几何及拓扑特性出发，存在着三种不同基本化简操作，它们分别是顶点删除操作、边压缩操作、面片收缩操作[5]。

③基于图像的图形绘制技术(Image Based Rendering)是近几年发展起来的一种建模技术。它是用待建三维虚拟空间的有限样本，在一定的图像处理算法视觉计算方法的基础上，来直接构造三维场景。其处理的方法常用的有图像透视变换、图像拼合、图像变形、图像合成与裁减等。与其他建模技术相比，其计算量较小，也不受场景复杂度的限制，对硬件的要求也不高，可以在微机上实现[166]。

(2)碰撞检测与碰撞响应技术

碰撞是虚拟环境中经常发生的一类重要事件，如果发现一个虚拟物体在运动中与其他物体发生碰撞，那么就必须修改物体的运动方程，否则虚拟环境中就会出现虚拟物体之间相互穿透、彼此重叠等不真实现象，甚至发生操作者迷失自己的情况。碰撞结果将直接影响到虚拟环境中物体运动的逼真性。因此，要及时、正确获得物体运动的数学表示，首先要将碰撞检测出来，然后是对检测到的碰撞做出正确的响应[165]。

(3)VR 系统图形程序设计接口

由于 VR 系统有时模型十分复杂，通常需要用 3D 图形加速卡来增加图形显示速度，因此需要三维图形程序设计接口(3D API)，它是沟通 3D 图形应用程序和 3D 图形加速卡之间的桥梁。目前可供选择的 3D API 有 50 多种，其中著名的有：SGI 公司的 OpenGL (Open Graphic Library)、Apple 公司的 Quick-Draw 3D (QD3D)以及 Microsoft 公司的 Direct3D 等。OpenGL 具有跨平台应用开发优点，它在客户机/服务器体系结构中，可以将图形处理提交给服务器去做。由于许多在计算机界具有领导地位的计算机公司纷纷采用 OpenGL 作为图形应用程序设计界面，OpenGL 应用程序具有广泛的移植性[5]。

(4)三维虚拟建模技术及工具

制作虚拟作品一般有以下三种方法：第一种是使用编程方法直接生成，第二种是使用已有的商品化软件，第三种是通过摄像拍摄。当前应用最为广泛的建模语言是 VRML(VR Modeling Language)，它是一种面向对象、面向 Web 的三维解释性造型语言。其目标是建立因特网上的交互式三维境界，即以描述三维物体及其行为来构建虚拟世界。现所应用的 VRML 标准尚待进一步统一和制订，新一代 VRML 研究重点是基于 XML 的 VRML。Web 联盟推出的下一代 VRML 规范称为可扩展的三维图形规范(Extensible 3D Specification, X3D)，又称为 VRML 200X 规范。X3D 由于本身的平台无关性、易扩展性、实现的灵活性，尤其是与 XML 的集成性，非常适合于分布式虚拟现实系统的开发。此外 Web 联盟为完整实现 X3D 规范，提供了一个开放源代码的 X3D 浏览器——Xj3D，它使用 Java3D 进行最底层的 3D 图形渲染[163]。

2.6　人机交互与多媒体技术

多媒体是收集民意、辅助决策和社区发展的有效工具，目前已开发出了一系列在互联网上实现整合 GIS 和多媒体互动的软件工具，能提供在线连接大的空间数据库，使用户能够查询、显示、浏览和更新地图的实时地图浏览器，如 ESRI 公司的空间数据引擎(SDE)、MapObjects 和网络地理服务模块(IMS)，AutoDesk 公司的 MapGuide，MapInfo 公司的 MapBasic，Intergraph 公司的 Geomedia WebMap 等，用于互动浏览、发布地图信息服务。

GeoTools(由 MacGill 和 Turton 在 1998 年开发)是一个 Java 地图应用程序,它能为用户提供简单的空间查询和属性输入操作[167]。

互动性可能是信息技术中发展最快的方面,直至 1997 年初,HTML 技术仍然是应用最广泛的,再后来互动性方面的开发包括各种插件式工具,如 Macromind 发布的 Shockwave 插件,它基于 Macromedia 独立平台,由引导程序、作者组件、他人组件组成,在网络浏览器如 Netscape 或 Internet Explorer 环境中使用。苹果公司也发布了一个插件,它能在线实时显示虚拟现实。Cosmo 播放器插件可以管理 3 维对象。在网络地图数据可视化方面有重大影响的可能是网络版 Java(Sun Microsystems 公司)应用的迅速成长。Java 是一个独立平台,面向对象的语言可以提供真实的制图和空间数据分析,Java 的特点有交互式数据通信、多线程,能够在线同步控制动态变量,通过用户界面和图形处理获得的图形变量比语言中制定的图形变量能更好地控制(http://java.sun.com)。Sun 公司随后又发布了一个插件,它使用户界面语言"Tcl/Tk"与网络集成一体,使用 Tel/Tk 插件中的工具,如"图形数据视窗"可以与网络集成,公众参与程度可能通过允许公众充当研究人员的角色而提高[5]。

由于公众参与式 GIS 中的用户范围广泛,所以需要想办法使这些代表不同利益的、各种类型的参与者尽快地熟悉网络参与式环境,了解参与式的决策问题,并有效地提出自己的观点和建议。公众参与式 GIS 的研究和开发的最终目标是使没有协同经验的公众可以在一起解决复杂的空间决策问题。这就要求构造一个分布式的、方便用户的、开放式参与界面。因此,PPGIS 系统的人机交互界面和可视化表达的研究与开发就显得非常必要[5]。

2.6.1　PPGIS 中人机交互界面

用户界面又称人机界面(Human Computer Interaction,HCI),是人与计算机之间传递和交换信息的接口,由人、计算机硬件和软件三部分结合构成。用户界面的发展历程,经历了从最初要求人去适应计算机到目前的"以人为本",使用户更易于理解计算机系统[5]。

人机交互界面的发展已经从最初的字符文本界面发展到图形用户界面,近年来出现了智能用户界面即自适应性用户界面。由于这几种人机交互界面的缺陷和限制,如 Web 学习资源的组织方式存在缺陷,不支持学科的交叉和自适应,缺乏完整描述 Web 学习者个体特征的用户模型的加入,缺乏协同支持等,因而最近又提出了支持协同的个性化用户界面(PNCHI)。支持协同的个性化用户界面是利用智能代理(Agent)理论、学习理论、协同式决策理论以及其他相关理论、技术的综合,是一个自适应生成界面,支持用户的个性化 Web 学习过程。借助于智能型并且支持协同的用户化人机交互界面,可以大大加快用户对于一个决策问题的了解速度和程度,对于一个协同式决策问题的最终解决无疑起着巨大的作用[5]。

2.6.2　多媒体技术

在 PPGIS 中应用了多媒体技术,公众就能够接触到声情并茂的规划和决策方案,这大大激发了公众参与公共决策的热情,使看似枯燥的事情变得有意思起来。

多媒体是融合两种或者两种以上媒体的一种人-机交互式信息交流和传播媒体,使用的媒体包括文字、图形、图像、声音、动画和电视图像等。多媒体是超媒体系统中的一个子集，超媒体系统是使用超链接构成的全球信息系统，全球信息系统是因特网上使用TCP/IP 协议和 UDP/IP 协议的应用系统。二维的多媒体网页使用 HTML 来编写，而三维的多媒体网页使用 VRML 来编写。在目前许多多媒体作品使用光盘存储器发行，在将来多媒体作品更多地使用网络来发行。从多媒体的定义中，我们需要明确几点[5]：

①多媒体是信息交流和传播媒体，从这个意义上说，多媒体和电视、报纸、杂志等媒体的功能是一样的。

②多媒体是人、机交互式媒体，这里所指的"机"，目前主要是指计算机，或者由微处理器控制的其他终端设备。因为计算机的一个重要特性是"交互性"，使用它就比较容易实现人-机交互功能。从这个意义上说，多媒体和目前大家所熟悉的模拟电视、报纸、杂志等媒体是大不相同的。

③多媒体信息都是以数字的形式而不是以模拟信号的形式存储和传输的。传播信息的媒体的种类很多，如文字、声音、电视图像、图形、图像、动画等。虽然融合任何两种以上的媒体就可以称为多媒体，但通常认为多媒体中的连续媒体(声音和电视图像)是人与机器交互的最自然的媒体[5]。

多媒体涉及的技术范围很广，技术很新、研究内容很深，是多种学科和多种技术交叉的领域。目前，多媒体技术的研究和应用开发主要在下列几个方面：

①多媒体数据的表示技术：包括文字、声音、图形、图像、动画、影视等媒体在计算机中的表示方法。由于多媒体的数据量大得惊人，尤其是声音和影视，包括高清晰度数字电视(High Definition Television，HDTV)这类的连续媒体。为克服数据传输通道带宽和存储器容量的限制，需投入大量的人力和物力来开发数据压缩和解压缩技术；人-机接口技术，如语音识别和文本。语音转换(Text to Speech，TTS)也是多媒体研究中的重要课题。虚拟现实(Virtual Reality，VR)是当今多媒体技术研究中的热点技术之一[5]。

②多媒体创作和编辑工具：使用工具将会大大缩短提供信息的时间。将来人人都要会使用多媒体创作和编辑工具，就像现在我们使用笔和纸那样熟练。

③多媒体数据的存储技术：包括 CD 技术、DVD 技术等。

④多媒体的应用开发：包括多媒体 CD-ROM 节目(title)制作、多媒体数据库、环球超媒体信息系统(Web)、多目标广播技术(multicasting)、影视点播(Video on Demand，VOD)、电视会议(video conferencing)、远程教育系统、多媒体信息的检索等[5]。

2.7　知识库和数据挖掘技术

在 PPGIS 中，知识库的目的是利用基于专业成功经验的知识和信息提升公众参与决策的效能。将公众查询或搜索过程(用户经验)存储到知识数据库中作为应用指南供日后使用。元数据的获取和管理也是知识库的一部分。知识库使得决策者和公众能够通过简单的步骤就可利用专家知识。同时 PPGIS 还将成功的和不成功的规划与决策案例收集在公共数据库中。维护和组织案例系统将对公众和决策者比较规划和决策档案中的相似案例有所帮助。在 PPGIS 中，规划师和技术专家则需要借助于数据挖掘技术对同一个规划方案不同用户的反馈信息加以分析，也能得到一些有价值的新的信息，比如分析对某项决策投反对票的公众的分布(地理分布、年龄分布、教育背景分析等)，可以得出一些更深层次的有意义的信息。这样的信息可以存储到知识库中，作为以后决策的某种先验知识，因此数据挖掘技术要与知识库技术相结合。对于一个成功的 PPGIS 来说，这是需要不断完善、积累和更新的过程[5]。

2.7.1 知识库

1. 基本概念

知识库(Knowledge Base)是知识工程中结构化、易操作、易利用、全面有组织的知识集群，是针对某一(或某些)领域问题求解的需要，采用某种(或若干)知识表示方式在计算机存储器中存储、组织、管理和使用的互相联系的知识片集合。这些知识片包括与领域相关的理论知识、事实数据，由专家经验得到的启发式知识，如某领域内有关的定义、定理和运算法则、常识性知识等。知识是人类智慧的结晶，知识库使基于知识的系统(或专家系统)具有智能性。并不是所有具有智能的程序都拥有知识库，只有基于知识的系统才拥有知识库。现在许多应用程序都利用知识，其中有的还达到了很高的水平，但是这些应用程序可能并不是基于知识的系统，它们也不拥有知识库。一般的应用程序与基于知识的系统的区别在于：一般的应用程序是把问题求解的知识隐含地编码在程序中，而基于知识的系统则将应用领域的问题求解知识显式地表达，并单独地组成一个相对独立的程序实体[5]。

2. 知识库的特点

(1)知识库中的知识根据它们的应用领域特征、背景特征(获取时的背景信息)、使用特征、属性特征等而被构成便于利用的、有结构的组织形式。知识片一般是模块化的。

(2)知识库的知识是有层次的，最低层是"事实知识"，中间层是用来控制"事实"的知识(通常用规则、过程等表示)；最高层次是"策略"，它以中间层知识为控制对象。策略也常常被认为是规则的规则。因此知识库的基本结构是层次结构，是由其知识本身的特性所确定的。在知识库中，知识片间通常都存在相互依赖关系。规则是最典型、最常用的一种知识片。

(3)知识库中可有一种不只属于某一层次(或者说在任一层次都存在)的特殊形式的知识——可信度(或称信任度、置信测度等)。对某一问题，有关事实、规则和策略都可标以可信度。这样，就形成了增广知识库。在数据库中不存在不确定性度量，因为在数据库的处理中一切都属于"确定型"的。

(4)知识库中还可存在一个通常被称为典型方法库的特殊部分。如果对于某些问题的解决途径是肯定和必然的，就可以把其作为一部分相当肯定的问题解决途径直接存储在典型方法库中。这种宏观的存储将构成知识库的另一部分。在使用这部分时，机器推理将只限于选用典型方法库中的某一具体部分。另外，知识库也可以在分布式网络上实现。这样，就需要建造分布式知识库[5]。

2.7.2 数据挖掘

1. 数据挖掘技术的基本概念

随着计算机技术的发展，各行各业都开始采用计算机及相应的信息技术进行管理和运营，这使得企业生成、收集、存储和处理数据的能力大大提高，数据量与日俱增。企业数据实际上是企业的经验积累，当其积累到一定程度时，必然会反映出规律性的东西。对企业来说，堆积如山的数据无异于一个巨大的宝库。在这样的背景下，人们迫切需要新一代的计算技术和工具来开采数据库中蕴藏的宝藏，使其成为有用的知识，指导企业的技术决策和经营决策，使企业在竞争中立于不败之地。另一方面，近十余年来，计算机和信息技术也有了长足的进展，产生了许多新概念和新技术，如更高性能的计算机和操作系统、因特网（Internet）、数据仓库（Data Warehouse）、神经网络等。在市场需求和技术基础这两个因素都具备的环境下，数据挖掘技术或称数据库知识发现（Knowledge Discovery in Databases，KDD）的概念和技术就应运而生了[168]。

数据挖掘（Data Mining）旨在从大量的、不完全的、有噪声的、模糊的、随机的数据中，提取隐含在其中的人们事先不知道但又是潜在有用的信息和知识。还有很多和这一术语相近似的术语，如从数据库中发现知识（KDD）、数据分析、数据融合（Data Fusion）以及决策支持等[168]。

2. 数据挖掘的基本任务

数据挖掘的任务主要是关联分析、聚类分析、分类、预测、时序模式和偏差分析等[168]。

（1）关联分析（association analysis）

关联规则挖掘由 Rakesh Apwal 等人首先提出。两个或两个以上变量的取值之间存在的规律性称为关联。数据关联是数据库中存在的一类重要的、可被发现的知识。关联分为简单关联、时序关联和因果关联。关联分析的目的是找出数据库中隐藏的关联网。一般用支持度和可信度两个阈值来度量关联规则的相关性，还可引入兴趣度、相关性等参数，使得所挖掘的规则更符合需求。

（2）聚类分析（clustering）

聚类是把数据按照相似性归纳成若干类别，同一类中的数据彼此相似，不同类中的数据相异。聚类分析可以建立宏观的概念，发现数据的分布模式以及可能的数据属性之间的相互关系。

（3）分类（classification）

分类就是找出一个类别的概念描述，它代表了这类数据的整体信息，即该类的内涵描述，并用这种描述来构造模型，一般用规则或决策树模式表示。分类是利用训练数据集通过一定的算法而求得分类规则。分类可被用于规则描述和预测。

（4）预测（predication）

预测是利用历史数据找出变化规律，建立模型，并由此模型对未来数据的种类及特征进行预测。预测关心的是精度和不确定性，通常用预测方差来度量。

（5）时序序列模式（time series pattern）

时序序列模式是指通过时间序列搜索出的重复发生概率较高的模式。与回归一样，它也是用已知的数据预测未来的值，但这些数据的区别是变量所处时间的不同。

（6）偏差分析（deviation）

在偏差中包括很多有用的知识，数据库中的数据存在很多异常情况，发现数据库中数据存在的异常情况是非常重要的。偏差检验的基本方法就是寻找观察结果与参照之间的差别。

3. 数据挖掘常用的基本技术

（1）统计学

统计学虽然是一门"古老的"学科，但它依然是最基本的数据挖掘技术，特别是多元统计分析，如判别分析、主成分分析、因子分析、相关分析、多元回归分析等。

（2）聚类分析和模式识别

聚类分析主要是根据事物的特征对其进行聚类或分类，即所谓物以类聚，以期从中发现规律和典型模式。这类技术是数据挖掘的最重要的技术之一。除传统的基于多元统计分析的聚类方法外，近些年来模糊聚类和神经网络聚类方法也有了长足的发展。

（3）决策树分类技术

决策树分类是根据不同的重要特征，以树型结构表示分类或决策集合，从而产生规则和发现规律。

（4）人工神经网络和遗传基因算法

人工神经网络是一个迅速发展的前沿研究领域，对计算机科学、人工智能、认知科学以及信息技术等产生了重要而深远的影响，而它在数据挖掘中也扮演着非常重要的角色。人工神经网络可通过示例学习，形成描述复杂非线性系统的非线性函数，这实际上是得到了客观规律的定量描述，有了这个基础，预测的难题就会迎刃而解。目前在数据挖掘中，最常使用的两种神经网络是 BP 网络和 RBF 网络。

（5）规则归纳

规则归纳相对来讲是数据挖掘特有的技术。它指的是在大型数据库或数据仓库中搜索和挖掘以往不知道的规则和规律，一种最常见的形式是：IF…THEN…。

（6）可视化技术

可视化技术是数据挖掘不可忽视的辅助技术。数据挖掘通常会涉及较复杂的数学方法和信息技术，为了方便用户理解和使用这类技术，必须借助图形、图像、动画等手段形象地指导操作、引导挖掘和表达结果等，否则很难推广普及数据挖掘技术[5]。

2.8 移动互联网技术

国内已有利用移动互联网技术开发的 PPGIS 产品。康俊锋等（2014）采用 WebGIS 和移动 GIS，并基于天地图的开放接口开发了自发式的城市管理系统，提高了城市管理过程中的公众参与度，并在赣州市进行了应用实验[169]。刘钦等（2015）分别基于 Android 和网页平台设计开发了 12322 地震灾情上报处理系统，可实现地震灾情的上报、分析、处理和展示等功能[170]。面对越来越多的移动网络用户，开发基于移动端的 PPGIS 将成为未来的发展趋势之一。

移动互联网，就是将移动通信和互联网二者结合起来，成为一体。它是互联网的技术、平台、商业模式和应用与移动通信技术结合并实践的活动的总称。4G 时代的开启以及移动终端设备的凸显必将为移动互联网的发展注入巨大的能量，而第五代移动通信技术（简称 5G）包括中国在内的世界多个国家和组织都在竞相研发之中。

中国工业和信息化部电信研究院在 2011 年发布的《移动互联网白皮书》给出了定义："移动互联网是以移动网络作为接入网络的互联网及服务，包括 3 个要素：移动终端、移动网络和应用服务。"[171] 在其发布的 2015 版白皮书中进一步指出，移动互联网发展的核心在于广泛的变革和融合渗透。以苹果和谷歌为代表的移动互联网巨头开发出"移动互联网+"的简单程式，正在广泛的领域中推广和使用。从可穿戴设备到汽车，从移动端与桌面端的互联，从消费领域到金融、制造等领域的广泛应用，从用户层面向企业层面的转移，从服务业向制造业和农业的拓展，从企业战略到国家战略的角逐[172]。

国内移动数据服务商 QuestMobile 发布了《2015 年中国移动互联网研究报告》，报告显示：截止到 2015 年 12 月，国内在网活跃移动智能设备数量达到 8.99 亿，其中苹果设备与安卓设备比例为 3 : 7，设备用户的男女比例接近 6 : 4，设备用户年龄构成中 80 后接近 8 成[173]。

移动互联网有三大研究领域：移动终端、接入网络和应用服务，其研究体系示意图如图 2-10 所示。移动终端研究包括终端硬件、操作系统、软件平台、应用软件、节能、定位、上下文感知、内容适配和人机交互等。接入网络研究包括无线通信基础理论与技术、蜂窝网络、无线局域网、无线 Mesh 网络、异构无线网络融合、移动性管理与无线资源管理等。应用服务研究包括移动搜索、移动社交网络、移动互联网应用拓展、基于云计算的服务、基于智能手机感知的应用等。各研究领域都涉及用户安全与隐私保护的问题，这是所有互联网产品都必须正视的问题[174]。

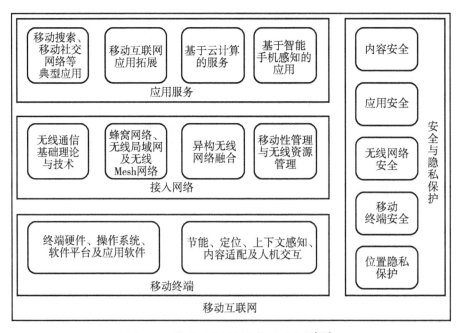

图 2-10　移动互联网研究体系示意图[174]

第3章 PPGIS 的组织与实施

3.1 PPGIS 组织与实施技术概述

PPGIS 的组织与实施可以分为两大部分：技术组织和非技术组织。第 2 章可以理解为 PPGIS 的技术组织，本章将深入探讨 PPGIS 的非技术组织与实施方法，它涉及管理学、组织行为学、社会心理学等众多学科。PPGIS 的组织方法国外研究比较多，本书对 PPGIS 的组织与参与方法做了总结与分析，希望对国内这方面的研究工作提供借鉴。在 PPGIS 中，研究对象包含在 PPGIS 的社会影响之中，尤其是 PPGIS 作为一个过程与一些特定的社会话题相联系，如民主、社区和个人的参与，等等。基于 Web 的 PPGIS，既支持同一时间、同一地点（同步）的决策，也同样适合于不同时间、不同地点（异步）的情况。PPGIS 只有通过社会的应用才能有意义[5]。

本书试图研究一些方法来替代传统的同步参与，去探讨和理解为组织公众参与的异步方法。通过不同参与方法的比较，分析、总结各自的优缺点。目前 PPGIS 的研究正在转向一种"以人为本"的新方式，尤其是大学与社区的合作，本书将在下一章阐述的 WebPolis 项目，就代表了这样的一种合作。WebPolis 项目主要关注探索组织化参与方法作为一种分析评议的过程，进而在决策过程中采取有组织的活动的方式，网络服务及分布式网络 GIS 的出现，使得在一个决策过程中有大量人群出现的参与变得现实可行[5]。

Jankowski 和 Nyerges（2003）提出了增强型自适应构建理论 Enhanced Adaptive Structuration Theory（EAST），用来建立地理信息支持下参与式辅助决策的框架。框架分为 3 个层次：3 个组成部分、8 个模块、24 个三级指标，详见图 3-1。3 个组成部分是按组织实现的步骤划分的，即会议召集、参与过程和参与成果。比如，会议召集部分就包括"社会制度的影响"、"分组参与的影响"和"参与式 GIS 的影响"3 个模块，其中"社会制度的影响"模块又细分为"权力和控制"、"主题域"、"召集者"和"参与者"4 个指标或影响因素。同时，3 个组成部分都有各自的假设或前提，例如"社会制度的影响"包括 3 个假设：①社会制度会影响分组参与的效果；②分组参与也会对社会制度产生影响；③参与式 GIS 会影响社会制度和分组参与的效果[63]。

Dunn（2007）指出 PGIS 实现过程中最重要的是地理信息及输出产品的获取，控制和所有权问题。上述问题的实现依赖于三点：文化的/制度的/区域化的框架；目标和用户特征；政治问题[28]。

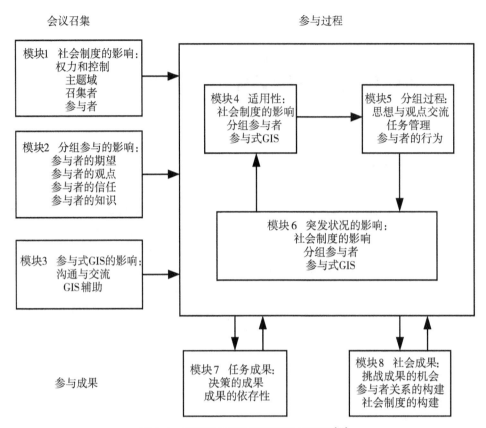

图 3-1 增强型自适应构建理论示意图[63]

3.2 异步组织化参与方法的机遇和挑战

人们认识到，组织化参与方法作为辅助参与者产生和提炼想法的有组织的活动，可以用来解决实际问题和提供"有意义的参与"。WebPolis 项目面临着在社区决策中，为大型团体提供"有意义的参与"的难题。在开发新的系统、分析这一开发项目的社会意义的同时，要赋权给参与者使其影响决策过程。然而，正如 Webler 指出的，在 PPGIS 的相关研究中缺乏综合性的学术观点，而实践需要理论的指导，理论框架的缺乏势必会限制学科的发展，因此 PPGIS 的研究应该继续在理论、方法论和具体研究领域寻求一种平衡[5, 175]。

3.2.1 支持群体组织过程的五种方法

在规划和管理层面，有五种方法可以作为传统的、非组织化群体组织过程的替代方法，它们包括[176-183]：

①认同群体方法(Nominal Group Technique，NGT)；

②Delphi 过程方法；

③参与技术方法；

④开放的空间技术方法；

⑤民众评判方法。

之所以研究每一种方法，是因为虽然它们都以达成共识为最终目标，但他们所体现的参与过程迥然不同。每种方法的构建都很典型，在 PPGIS 的实践过程中，大型群体面对面解决问题是难以操作的，也是不现实的。因而，异步方法是支持大型群体过程更可行的解决方案，如何改变参与的方法(由同步变为异步)以应对组织管理上的挑战，这是需要深入探讨的问题[5]。

3.2.2 评议群体过程：从同步到异步

WebPolis 项目考虑的是在一个基于网络的决策环境中，布置、安排大型群体使用工具，以方便评议分析过程。在许多先前的 PPGIS 研究中，评议分析过程采用面对面评议的方法[30, 114, 129, 130, 184, 185]。当基于 GIS 的服务开发出来，通过互联网可以访问时，就要设计异步的评议方法，并通过 GIS 增加一些分析功能来实现。Jankowski 和 Nyerges 设想"参与"作为一种会议，其中包括：①传统会议(同一时间，同一地点)；②公告板(不同时间，同一地点)；③电话会议(同一时间，不同地点)；④分布式会议(不同时间，不同地点)。

如果决策环境是复杂的，仅用一种组织方式以方便群体决策是不现实的。由于此项研究焦点是组织化参与的异步方法，Jankowski 和 Nyerges 关于会议的分类法可能将传统意义上的"地点"扩展到 PPGIS 的网络虚拟地点。这个新的分类法将关注基于网络的工具，用来跨越异步环境的梯阶(见表 3-1)。因此作为一个具有广义特征的"会议"被"虚拟会议"代替。描述基于网络的虚拟参与地点、参与、GIS 支持的决策环境，产生四种不同类型的会议[5]：实地会议、公告板会议、讨论会和分布式会议。

表 3-1 不同类型会议的总结

地点 时间	同一时间	不同时间
同一地点	实地会议： ①为参与者获取各种关于会议或议题的材料提供了机会 ②对于需要"直接接触"的互动，详述很有必要 ③系统必须为支持会议的分析工具提供高频率和实时的请求	公告板会议： ①像一个 BBS，参与者用工具，将他们的工作保存在能被整个群体访问的地方 ②参与者从被计划安排的、做群体工作的时间解放出来 ③系统必须提供安全的、控制版面的会议
不同地点	讨论会： ①参与者参加系统的多个部分，同时即时地与其他参与者沟通 ②系统必须为分析工具提供高频率和分布式的请求	分布式会议： ①参与者参与系统的多个部分，同时发布信息给其他人(在线或离线的参与者) ②系统必须提供安全的、控制版面的会议，沟通从即时回复到延迟回复

每种方法都展示了 PPGIS 中参与者参与的"地点"和任务。"实地"指的是所有参与者就同一话题或分析任务在同一时间审议的会议。公告板会议是参与者就同一话题或分析任务在任何时间展开讨论。讨论会是互动的,参与者为许多不同的任务而工作或讨论许多不同话题,但由于他们同时使用该系统,所以他们能够与其他参与者交谈。分布式会议是在任何可能的时间里参与者探索许多不同的话题或任务。这四种会议布置描述了 PPGIS 如何使参与者跨越虚拟时空而存在[5]。

3.2.3　组织化参与:从有意义到赋权

在社区决策中,增加公众参与的可能性要依靠社区广泛参与的程度。这种可能性对深入地理解何谓"有意义的"或"赋权"很有帮助,北美、西欧许多国家法律要求在社区决策中要"有意义地参与",而大量的研究已经为进行有效、有影响和平等的公众参与提供了解决方案。"有意义"的一种解释是参与者被部分赋权,赋权的定义仍是系统设计师的责任[186]。

Arnstein(1969)提出的公众参与的概念是一个民众权力的表达,预先假定告知公众的过程,Arnstein 的参与梯度论描述了以不参与为阶梯的底层,逐渐达到梯的上部。这里的不参与,包含两个梯次:操纵民众意愿和民众自主掌握。对于"操纵民众意愿",民众实际上只是光顾者,而执政者"教育"或"培训"参与者。操纵指的是过程,官员发动公关游说,劝说民众达成一致。"民众自主掌握"指的是在一个活动中,自主民众权的潜在活动,有意不再与参与群体特定的决策观发生联系。民众参与梯度的这两个梯次分别代表民众拥有的最低权力和最高权力。民众参与的观念更新是从"操纵民众意愿"到"民众自主掌握"的基本条件,也是系统可能赋权的根本保证[5]。

3.2.4　作为对话的参与

参与方法必须解决一系列的问题,其中有些是围绕"达成"的群体过程:沟通、合作、协调、协作。而有关参与性质的框架可能会受到批评,因为它含有参与者参与的经济意义,其中重点是成本效益分析。另外,沟通合理性的标准有所扩展,正如 Habermas 所述,挑战存在于支持达成共识的过程[187]。虽然 Habermas 及其支持者认为,沟通合理性的理论很少阐述理想状况的关联,但他提供的是一个支持群体过程的基本标准。在 Habermas 的理论中,审议过程中共识由 4 个有效性的要求组成:悟性、真实性、正当性和正确性[187]。这些基于群体过程的进程以评议和参与民主为基础[188, 189],虽然批评者认为这样一个理想的、过于美好的论述情形存在太多的假设[190, 191]。

沟通概念的出现引发了激烈的辩论,主要围绕认识和物质什么是第一性的问题展开。正如前面讨论过的,"共识"预先假设在公共领域中经济和沟通的合理性。Fraser 与 Habermas 认为,在 Habermas 理论中,公共领域的关键点以资产阶级社会的研究为基础,处理公共领域的矛盾欠佳,取而代之,Fraser 提出了公共领域的新理念,从而可能通过多种舆论争议进行审议。正如 Fraser 所指出的,审议由个人意见表达和文化身份的构建组成,要求它们有基本的联系[5, 192]。

实现参与可能通过一次沟通或多次沟通,因此有关沟通的各种讨论安排非常必要。然而，PPGIS 的实践应该确定、解决参与中的复杂性问题，质疑在应用特定的组织化参与方法中生成的假设。当理论人员和实践人员在比较的基础上引入各种参与方法时，参与表现为每个过程的基本组成要素[5]。

3.2.5　参与的创建

为 PPGIS 实践开发研制的工具组，定义参与为创建、鼓励和维护有关的事项。有些学者将这个概念实例化，用像梯子和波谱一样的实体来衡量或支持一个参与过程的合理性，了解这五种参与方法怎样采用参与特殊的想象力是很重要的。这些想象力受特定进程的形态结构约束，产生出群体过程。

3.3　支持组织化参与的五种方法比较

通过比较，WebPolis 项目选择了五种参与方法，并开发了一个结构化的、异步的决策支持系统。五种方法可以归纳为两个类型，以更好地表达它们在规划和管理方面开发和实施的过程：①决定参与。它描述了一种利用评议专家的循环反馈来解决问题的情形；②组织变化参与，它产生于这样的背景下：一个组织希望做出一些改变，以更好地反映被这个改变可能影响的所有成员的意见。这两种类型体现不同的民主理论，前者更像审议或参与民主，后者是一个沟通或交流民主。以下三种方法应该归为决定参与类：①认同群体方法；②Delphi 过程方法；③民众评判方法。另外两种方法属于组织变化参与类，即参与技术方法和开放的空间技术方法[5]。这里将对不同方法逐一进行介绍。

3.3.1　决定参与

决定参与可描述为这样一种情形：参与专家首先需要解决自身当地知识缺乏的问题，然后解决缺乏共识的问题[176]。要用具体的判断决策的标准来评价参与方法，包括：①搜索行为；②规范行为；③平等参与；④冲突解决方法；⑤回到决策过程。这些标准反映了决定参与的想象力，当参与者以达成共识和确定结果为目标时，就将重点放在冲突的解决上[5]。

1. 认同群体方法(NGT)

认同群体方法(Nominal Group Technique，NGT) 是由 Delbecq 等人创立的，它是一个集思广益的结构化组织形式，着重解决平等参与、有创意想法的表达和决策集成技术，通过给每个参与者提交自己设想的机会来确保平等参与。由于参与者意见的收集、整理和评估的独特性，NGT 被认为是一个创意的过程。参与者可以提出设想，清晰地表达这些想法，由其他参与者评估，最后的决策采用特定的优选集成技术计算出来[5]。

2. Delphi 过程方法

Delphi 过程方法是 1950 年由美国 Rand 公司开发的，它由一连串的问卷组成，每个问题都建立在先前问卷反映的基础上，它要求一个参与小组来综合专家对先前问卷的反映，再确定后续问卷。Delphi 的优势在于，通过多个参与专家收集信息、反复问卷的方式来辅助决策者做出判断。

3. 民众评判方法

民众评判方法也叫做协商会议,是这样一种情形:民众被告知问题,并鼓励其评议并给行政机构提供一个解决方案。协商会议确保所有受影响的民众都能参与民主决策。与 Delphi 过程方法相似,民众评判方法也组成一个类似的"专家小组",对要解决的问题表态。在实际操作中,民众组成一个个行业小组,鼓励他们提出问题,这样有助于撰写建议报告。每个参与者(这里指受影响的民众)都有可能对小组有所帮助,他们可以大胆地提出自己的想法并做出解释。最终决策由决策委员会综合考虑专家的观点和行业小组的建议报告之后做出[5]。

3.3.2　组织变化参与

组织变化参与有别于决定参与的地方在于每次布置、安排的背景不同,同时民主模式也不同。随着组织群体规模的扩大,建议"变化"的讨论就是一个解决组织规模扩大问题的办法,参与者通过组织变化的方法发表意见[177, 182]。鼓励参与者审议,通过在成员中提升共识,提出反对或支持这一"变化"的意见。按照预先设想,组织者可以考虑必要的改变,以便更好地决策。参与技术方法和开放的空间技术方法阐述了这样两种组织变化参与的方法[5]。

1. 参与技术方法

参与技术方法是一个参与过程,通过集思广益的讨论,规划、标识和评价个人的想法来确定参与背景。人群的选择以是否与发展和战略规划的实施有利害关系为原则。作为一种组织变化参与方法,参与技术方法展示了一种让公众有机会通过参加有组织的讨论活动,来对审议项目提出建议的方法。

2. 开放的空间技术方法

作为与参与技术方法不同的另一种方法,开放的空间技术方法是由 Harrison Owen 在 20 世纪 80 年代中期开发出来的。在这个特殊的组织化的参与方法中,参与者进入一个正在进行多项讨论的虚拟房间。当参与者想就自己感兴趣的话题发言时,要用手势告知参与讨论的整个小组。每个参与者在任何时间都可以声明参加讨论,凡有意参加者可以交替参加不同讨论小组的讨论。当讨论结束后,参与方法也终止[5, 182]。

3.3.3　参与方法比较的标准

上述五种组织化参与方法的比较包括了不同的进程,是对达成一项特殊共识全部过程的各种方法的一般性论述。这里提出一个比较标准,它作为一个工具,在假设相似理论中融入了进程差异的观点,可以对酝酿过程的每一个结果中的相似性和差异性进行系统的分析。由于这些比较标准的背景各异,所以它们都有一定的局限性。对于进程差异的理解需要认真理解这些方法,实际上进程差异是"这个标准是有用的,并分析这些方法的假设相似性"的研究范围。有些反对者质疑这些"比较"工作,所以有必要对"比较"的尺度作一介绍[5]。

①目的:指参与过程的合理性。本书探索了用两个特殊的目的(如模型)分类的参与方法:决定参与和组织变化参与。

②进程：描述了方法实施需要的已有成熟技术，进一步分析了作为参与原型的参与方法中的技术，如过程中的基本步骤。

③期望结果：指想要的结果或在参与方法中有效互动的阶段性结果。

④重复要求：指完成参与方法的期望结果所需要的互动次数。

⑤群体规模：指在设定的约束条件下能进行有效参与的人数。

⑥时间：指有效的互动会议期望的时间长度。

⑦组织人角色：在参与方法中组织人的责任。

⑧合成过程：在参与过程中认定协同参与者的想法并向达成共识方向推进的一种方式[5]。

这些标准有助于分辨和比较这五种不同的参与组织方法(见表3-2)。每种参与方法都展示了在基于过程标准的比较中产生的不同运行程序，但是每种参与方法都考虑经济性和沟通的合理性，参与者通过成本效益评估来做出适当的决定，并假设有能力去与其他参与者达成共识[5]。

3.3.4 特殊性和相似性

上文提及的五种组织化参与方法的标准比较，可以归纳为两个主题：特殊性和假定的相似性。"特殊性"指五种方法的进程不同，简单归结为这样一个事实：每种方法都是在特定的参与环境下开发出来的，目的是支持群体过程。每种方法都提供一套特别定制的过程[5]：

①目标声明，背景设定：这项活动让参与者能够有机会提供事件的背景作为参考的依据，其中包括一个建议的议程评议。

②集思广益/产生设想：鼓励参与者提交对某一议题的多种设想，有助于决策。

③谈判/阐明设想：参与者相互讨论产生想法，并在这个过程中阐明整个群体的设想。

④集群/综合/标记设想：当参与者谈判并且阐明设想，某些设想可能在一个合成过程中集中并与其他设想融合。合成的设想可能被赋予新的名称标记。

⑤投票/优先次序：投票和优先次序用来衡量在决策期间参与者具体的优先权，尤其是非常大的群体。

⑥问卷调查：问卷调查可以在决策期间从参与者中搜集更多的主观反馈，尤其针对特别大的群体。

⑦检讨/评估：参与者检讨和评估决策的过程作为提供反馈的一种方式[5]。

组织化参与中权力的定位是 PPGIS 实践中至关重要的一环，更具体地说，在参与方法中权力的概念主要是简单参与能力的理念，因此相关讨论不只限于简单的组织化参与方法过程的比较。这个比较抽取出的所有五种方法的假设相似性的方式，对于解读权力的特殊定位是非常重要的。对于讨论的特别话题，无论通过集思广益、证据辩论还是收集建议，所有的方法都展示了一个观点产生的过程。这里假定在共识过程中的每项活动，每个参与者都积极提出设想。假定参与者是分级的、非政治化的，首先检查参与者的"权力"。这些方法展示了三种民主模式的过程特征：参与、评议和沟通[5]。

表 3-2 五种参与方法的比较

比较项＼方法	认同群体方法	Delphi 方法	民众评判方法	参与技术方法	开放的空间技术方法
综述	该方法是一种集思广益的结构化形式，或根据在同步环境中的投票或优先顺序记录，多达 10 个参与者和一个资深组织者	它由一连串的问卷组成，每个问题都建立在先前问卷反映的基础上。它要求一个参与小组来综合先前问卷的反馈，再确定后续问卷	它为民众一起学习有关问题并评议，以找到一个大家都满意的解决方案，民众评判方法也叫协商会议	它是一个参与过程，通过广泛的讨论、规划、标识和评价个人的想法来确定参与背景。人群的选择根据发展和战略规划的实施中有利害关系的原则	它使参与者能够通过扩展从混沌到有序的概念构建一个讨论平台
目的	创建一个由决策群体协商的设想文件	创建一个由专家评判合成设想的共识文件	以证据为中心立场，通过评判成员的协商达成共识	创建一个通过参与群体的设想协商表达的共识文件	通过几个由个人参与者引导的评议过程达成共识
进程	目标描述 集思广益 设想协商 按设想优先级投票	目标描述 产生设想 设想收集 合成设想 回归设想 进一步修改请求	听取证据 讨论证据 协商立场 投票 重复直到达成共识	目标描述 产生设想 设想收集 设想组 合成设想 标识设想 协商设想优先级	目标描述 提出话题 选择话题 讨论 重复话题群体 终止话题
期望结果	多元文件	共识文件	共识文件	共识文件	多元文件
重复次数	一次会议	多次会议	多次会议	一次会议	一次会议
群体规模	5~20 人	10~100 人	20~50 人	20~50 人	20~50 人
事件时段	1~2 小时	1~2 天	2 天至 1 周	4 小时	1~2 小时
组织人角色	组织人记录设想供整个群体浏览，若有多个群体，则每个群体需要一个组织人，还需要一个总组织人	专家评判合成设想并展示给参与者	可能有人为会议提供组织和场地服务，但在设想产生和协商的过程中，真正的帮助只有几分钟	组织人显示设想供整个群体浏览，帮助群体确定如何分组、合成和标识	不出现任何组织人
合成过程	整个群体完成合成	合成产生于专家评判	没有产生正式的组或设想的合成，群体可以讨论、辩论，直到达成共识	整个群体完成合成	合成几乎实时随着群体领导和参与者讨论的意见产生

3.4 PPGIS 组织化参与的未来

PPGIS 组织化参与的未来是异步 PPGIS。五种组织化参与的网络版与这里的普通版比较十分相似。由于本书讨论的每种方法都是基于权力作为在非政治化决策情形中简单能力的理念。PPGIS 必须控制好这种方式，这一进程意味着一个非政治化的政治进程，这种方式有可能破坏民主。回顾组织化参与的方法，用组织化参与方法来支持有差别的公众参与决策的出现，援引了一个权力常常被削弱的政治概念。或如前面提到的，任何冲突都可以预测出来。利用"将达成共识作为参与的动机"的方式，PPGIS 的实践可以对批评者开放，按 Webler 的说法，机构组织的增加和社会机构的官僚主义会破坏民主进程。PPGIS 的批评人士认为，用共识作为参与操作的工具对民众有一定的压迫性，这种压迫贯穿在民主进程之中。压迫透过投票机制产生，因而参与者被动参与，由于他们缺乏"知识、技能和对他们生活负责的期望"。作为建议，参与式民主通过采用直接参与来解决这个问题。通过直接参与，个人理念转化为理性，达到"热心民众"所需的知识、技能和期望的能力，来摆脱压迫。参与式民主的理论家做出的回应是在民主进程中远离像投票、通过群体决策达成共识这样一些过程。但是，Cunningham 关于"压迫"的分析假定了一个简单的权力概念。另外，通过经济社会差异水平教育个人摆脱压迫的理念是如何界定官僚主义。不断增加的社会机构导致官僚主义和压迫工具的研发[5]。

PPGIS 具有积极的作用，既有助于现有领导决策层的控制，又有助于通过小型民众团体参与决策的实践去除官僚主义。关键在于 PPGIS 的实践者和开发者如何选择组织和参与的方法，通过对抗多元权力和实现冲突处理，以支持在线决策[189]。

第4章 PPGIS 应用概述

4.1 PPGIS 应用文献计量分析

在《社区参与和地理信息系统》一书中，介绍了 18 个案例，分 4 个主题，其中城市旧区改造 4 篇，城市规划 4 篇，环境管理 4 篇，欠发达地区发展规划 6 篇，涉及美国、加拿大、墨西哥/英国、澳大利亚、新西兰、加纳、南非、尼泊尔、泰国等多个国家和地区的案例[30]。

Sawicki 和 Peterman(2002)调查了美国的 PPGIS 实践项目，有 40 个城市的 67 个组织声称他们完成了 PPGIS 项目，这些组织机构分为 4 类，其中非政府组织 31 个，大学 18 个，政府机构 16 个，私人公司 2 个[119]。当然，由于当时不同机构对 PPGIS 概念的理解存在差异，因此实际数字可能不够准确。但至少说明早在十多年前，PPGIS 已经在美国逐渐发展起来。

McCall(2003)报道，PPGIS 在加拿大、美国、新西兰、澳大利亚的原住民的自然资源管理中得到应用。一份不列颠哥伦比亚省的调查显示，加拿大 109 个原住民组织团体与社区中，有 44% 在使用 GIS，36% 表示感兴趣[44]。

PPGIS 最早主要用于城市规划领域[76, 129, 130, 193, 194]，在社区发展、景观生态、自然资源等亦有广泛应用[25]。

本书将 Science Citation Index、Scopus、Google 学术、中国知网等主流数据库检索到的 100 多篇 PPGIS 应用类相关文章进行了分类整理，时间跨度为 1995 年 1 月至 2016 年 5 月，专著当中的每一章单独作为一篇文献处理。本章主要是对筛选结果的概述，由于不同作者对行业和领域划分的理解不同，我们在处理时做了取舍和综合，并参考我国的行业分类标准，最后把应用类型分为城市规划、资源环境管理、土地利用、旅游管理、房产管理、生态系统服务、公共管理、海洋管理、水土保持、灾害应急管理、公众健康、其他共 12 个领域，各领域文献的基本信息见表 4-1。当然，某些文献可能涉及多个领域，我们也置于表中。

表 4-1   PPGIS 应用领域文献信息列表

序号	应用领域	典 型 文 献
1	城市规划	[11, 43, 44, 60-62, 69, 75, 76, 90, 127, 129, 130, 195, 196]
2	资源环境管理	[46, 51, 53, 81-83, 118, 127, 197-199]

续表

序号	应用领域	典型文献
3	土地利用	［74, 77-80, 103, 200, 201］
4	旅游管理	［87, 88, 202］
5	房产管理	［203-205］
6	生态系统服务	［62, 89, 206, 207］
7	公共管理	［44, 53, 67, 82, 83, 208, 209］
8	海洋管理	［71, 84-86, 210, 211］
9	水土保持	［212］
10	灾害应急管理	［93, 94, 104, 170］
11	公众健康	［90-92, 213］
12	其他	［66, 128, 214-216］
13	综合	［30, 54, 127, 134, 217-220］

从应用领域来看（见图 4-1 和图 4-2），在全部 109 篇文献中，城市规划领域 42 篇，接近 40% 的比例，是应用最为广泛的领域，在这一点上国外和国内的趋势是相似的。其次是资源环境管理领域，如森林资源保护、环境保护等，这一类应用共 19 篇，约占 17%。排第三位的是土地利用领域，约占 10%。前三位占了将近 7 成，后 9 位比较分散，都是个位数。

从文献类型看，期刊文章占到 63.3%，其次是书的章节，约占 25%，学位论文和会议论文比例很小。74 篇期刊文章分布在 56 种期刊中，涉及自然科学、人文社会科学的多个学科，国外期刊以人文社科类期刊为多，国内则以自然科学类期刊为主。其中载文量最多的期刊是《应用地理学》（6 篇）、《景观与城市规划》（4 篇），《环境与规划 B：规划和设计》（3 篇），其余的均为 2 篇或 1 篇。国内文献多见于地理类、测绘类、规划类等期刊，如《地球信息科学学报》、《武汉大学学报（信息科学版）》、《城市规划汇刊》等。

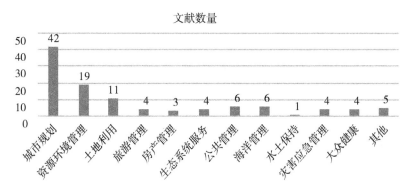

图 4-1　PPGIS 在不同领域的应用情况统计柱状图

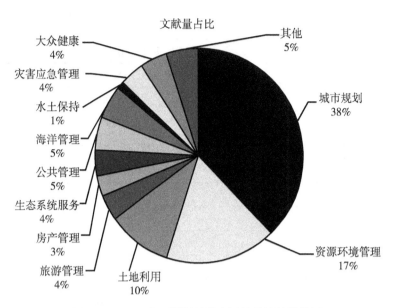

图 4-2　PPGIS 在不同领域的应用情况统计饼状图

　　从时间分布看(见图 4-3),PPGIS 应用呈现三个高峰期,第一个是 2002 年左右,这得益于《社区参与和地理信息系统》专著的出版,该书中就有 18 个案例;第二个高峰时 2010 年左右,专著《地理信息系统与公众参与》的出版做了较大贡献,该书主要介绍城市规划方面的案例;第三个高峰最近的 2014 年、2015 年。2016 年的数据截止到 6 月份已经有 5 篇文献,预计全年的数量也不少。可以说,最近几年迎来了 PPGIS 应用研究的高潮期。

图 4-3　PPGIS 应用在不同年份的文献数量折线图

　　在我国,PPGIS 的主要应用领域为城市规划。城市规划看似是精英阶层或专家阶层的事,但实则和老百姓的日常生活息息相关。城市空间扩展、新区规划、旧区改造、交通布局、生态环境规划、历史文化遗产保护等,这些政策真正在未来某一天落实,其实都是发生在我们身边的事。所以"规划使城市更美好",作为普通大众,应该有权利至少要知晓将来城市要发展成什么样子，它对我的工作和生活会产生怎样的影响，从而可以对日后的工作和生活做出谋划。

2008 年新颁布的《中华人民共和国城乡规划法》，从法律层面明确了公众参与城市规划的权利。我们不妨列出几则法条：

> 第二十六条　城乡规划报送审批前，组织编制机关应当依法将城乡规划草案予以公告，并采取论证会、听证会或者其他方式征求专家和公众的意见。公告的时间不得少于三十日。
>
> 组织编制机关应当充分考虑专家和公众的意见，并在报送审批的材料中附具意见采纳情况及理由。
>
> 第四十六条　省域城镇体系规划、城市总体规划、镇总体规划的组织编制机关，应当组织有关部门和专家定期对规划实施情况进行评估，并采取论证会、听证会或者其他方式征求公众意见。
>
> 第五十四条　监督检查情况和处理结果应当依法公开，供公众查阅和监督。

这些条款中不但规定了城乡规划编制、实施、监督过程中必要的公众参与过程，也提出了参与的方式和深度。比如"公告的时间不少于三十日"，这是被告知；又如"采取论证会、听证会或其他方式"，这是提出了公众参与的方式，其程度已经不只是简单的被告知，而是相对比较深入的参与。

上海市的新一轮城市规划 2040，要将上海市打造成为"卓越的全球城市"，这是一个充满雄心壮志的战略规划。在草案发布后，上海市政府就通过多种渠道，广泛征求公众的意见，比如网站、电子邮箱、微信、微博等现代传媒手段。从这里我们看到了上海的开放、与时俱进的开创精神，这样的做法是值得其他地方鼓励和借鉴的。

当然，因为我们国家的公众参与意识还不强，政策落地有时还会走样等，使得公众参与的效果要打些折扣，但应该看到，至少从趋势上看，公众参与城市规划或者其他公共政策的理念将会被更多的人认可，并付诸行动。

感兴趣的读者可以参考 PPGIS 在不同领域应用的综述文章或专著，比如城市规划类[33]、生态系统服务类[89]、资源环境管理类[53, 221]等。

4.2　PPGIS 应用于社区

Sieber(2003)在谈到 PPGIS 的发展时提出了著名的"四个提升"，分别是：①量的提升：增加参与人员与拥护者；②功能的提升：组织的强化或行动的多样性；③组织的提升：组织的永续性，包含财务上的自主及管理能力的提升；④政治的提升：透过政策过程，为了进一步的组织目标而结盟[136]。

如何体现四个"提升"，这需要我们和实际的应用实践相结合。如果在国家层面、省级层面或者市级层面上应用 PPGIS，其难度是可想而知的，从目前我国的国情出发，这种应用也是很不现实的。而如果将应用的范围定位在社区这一层面上，社区的人口不是很多，便于组织公众参与，同时由于规模适当，可以在短时间内投入较少的资金搭建起一个基于网络和地理信息系统的平台，让社区居民参与到决策中来。在实践中，可以选定一个基础条件好的典型社区进行试点，有了成功经验后，再逐步扩展到其他的社区。当 PPGIS 在社区这一层面上得到普遍应用之后，再设想扩展到城市一级。这也正体现了 PPGIS 是一个自下而上的公众逐渐获得民主权利的过程。本节正是基于这一构想，探索 PPGIS 应用于社区决策的可行性[5]。

PPGIS 应关注"公共参与"的概念，东密歇根大学的 WebPolis 项目向我们展示了这样的一种尝试，试图找到一个 GIS 作为替代技术的、支持社区参与的平衡点。对于大型社区、群体要在社区决策中实现"有意义参与"是困难的，这种问题用 PPGIS 来解决是再合适不过了：开发一个新系统，同时分析它的社会意义，给参与者一定的权利，让他们提出自己的设想、观点，融入到决策过程中[5]。然而，Webler(1999)认为，由于缺乏全面的、完整的和权威的 PPGIS 理论来指导实践，从而限制了该学科的发展[175]。

上述问题在 Craig 等人的《社区参与和 GIS》一书中有所描述，该书试图说明在 PPGIS 的许多研究中，"公共参与"的概念是相当不成熟的，需要进一步探讨。"公共参与"的深层次理论，正如许多 PPGIS 的研究人员意识到的，要实现一个公众的广泛参与，PPGIS 可能必须要求政治化地理，反之亦然[5]。

在社区层次应用 PPGIS 应该注意以下几个问题：①PPGIS 能赋权给社区及其成员；②拥有平等的机会获得数据和信息是 PPGIS 的主要组成部分；③数据规模应符合社区的需要；④PPGIS 的使用满足社区的需要；⑤对于致力于 PPGIS 工作的人来说，建立和维护社区的信息是关键；⑥PPGIS 是特殊的价值阶梯；⑦PPGIS 的后果，无论有意还是无意，均应被监控；⑧PPGIS 比许多其他技术的实施涉及更多的伦理道德问题[5]。

4.2.1　在社区中实践 PPGIS

社区参与地理信息系统(Community Participation GIS，CPGIS)概念的提出，表明 PPGIS 实践的合法性和合理性，许多人认为它是在社区中实践 PPGIS 的"开拓者"。关于 CPGIS 的模式对 PPGIS 的作用，我们应理解为：①调停社区；②处在一个社区或家庭中；③赋权或消权；④谈判民主，差异和准入；⑤解决冲突；⑥作为一个工具集；⑦作为一个公众记录工具；⑧证明是一门学科[5]。

这些特性与 Varenius 项目报告中提出的基本一致，都将 PPGIS 视为通过"维护公众 GIS 来建立社区概念"的"调停社区"[44]，CPGIS 展示了社区通过采用新技术方便人们使用的功能[118, 222-226]。

边缘化和赋权通常被视为一个过程，它不是部分人口产生的。但是，正是由于学术文献的相互引证，出现了话语权的垄断。另外，有些学者引入 CPGIS 作为展现 PPGIS 通过多角度整合解决冲突的能力，包括活动的方便性和公众记录的保护。谈到 CPGIS 的合法权利，Kyem 认为应将"PPGIS 的来源有效性"作为一门研究学科[5]。

4.2.2　"社区"的模糊性

CPGIS 强调社区的概念，而社区是："通过物理上接近他人且共享经验和观点来确定"。"社区"这个词和小区、村庄或村镇为同义词，虽然社区也可能以其他形式存在，如通过职业的、社会的或精神的联系[30]。

社区有更广泛的含义，Silk 讨论了社区的 3 个理论发展：①自由派和社会派之间就社区中个人角色的争论；②思考全球化影响的地点和空间之间的联系；③社区作为集体认同和集体行动的探讨。Silk 认为社区应有如下特征：①共同的需求和目标；②一个良好的共同意识；③共同生活；④全球视野的文化和观点；⑤集体行动[5, 227]。

概括起来，社区可以理解为在地理位置上彼此接近，有着相同的生活环境的人们的总体；再进一步，社区可以理解为某一地域内有相同职业的的人组成的团体，即行业协会；或者有相同爱好的人组成的团体，如集邮爱好者协会、篮球俱乐部。更广泛地，一个地区60 岁以上的老年人可以是一个社区，一个地区患有高血压的病人形成一个社区等。我们把思维再放开，通过网络，来自全国各地的有着相同兴趣和爱好的人组成一个虚拟社区，他们也许是游戏一族、聊天一族、军事迷、小说迷等。本书所谈到的社区一般指的就是第一种解释。在 PPGIS 中，最基础的工作是搭建社区网络这样一个平台[5]。

4.2.3 建立社区网络

社区网络是一个由多台计算机通过调制解调器和电话线连接到中央计算机组成的通讯网络。中央计算机提供社区信息和社区互动的方法。社区网络也叫做电脑化社区、居民网络、社区布告栏。社区网络的参与者有城市和小区。社区网络不同于虚拟社区和网上社区，虚拟社区和网上社区指的是来自世界各地的人们就共同感兴趣的话题在网上讨论，话题范围从学术研究到个人爱好，但没有任何地域界限。通过社区网络政府可以给民众提供信息，民众也可以方便快捷地与政府官员相互交流，与所有的社区网络目标大致相同，但设计系统时采用何种技术有很大的影响。谁使用该网络，如何以及为什么使用它。例如，电子邮件使社区成员在很短的时间内很容易相互交流信息。当电子邮件作为系统或模型，它的主要技术由沟通渠道，沟通内容的决定权是用户而不是系统业主。再如广播(另外一种系统或模型)强调的是内容而不是沟通，广播系统的业主控制信息内容，只发布对他们有利的信息，不关注民众的反馈或沟通[5, 228]。

社区网络目的是通过互联网把民众聚集在一个社区在政府决策过程中听取他们的意见。社区网络为居民提供信息获取服务，也为居民提供了参与到社区发展的机会。例如，社区网络通常支持公共场所的公共访问终端，为参与者提供互联网和电子邮件服务，它提供了通过电子论坛讨论社区公共问题的方式，有些社区网络由非营利性组织(既提供免费接入又不收费)运行，而其他社区网络的运行以盈利为目的。大多数社区网络依靠志愿者和政府捐赠，社区网络的理念是以有效的公众参与为中心[5]。

除了信息获取的可访问性和通信手段，应从总体特征上区别社区网络与商业网络。社区网络具有如下特点：①关注本地。关注本地问题是社区网络的一个鲜明特征，社区网络强调本地文化、历史沿革、自豪感和归属感。②有可访问性。社区网络确保社区的所有居民都可访问，常常将计算机放置在公众可经常光顾的地方。如社区中心或图书馆，这样在社区网络中也可以看到穷人或居住在贫穷地区的人。③促进社会变迁/社区发展。社区网络通过与居民沟通，获取信息，进而理解振兴社区的重要性，为社区的发展出谋划策。社区网络旨在加强社区沟通(通过增加沟通和信息交流，可以提高社区意识)，完善民主，确保列入国家信息基础设施(NII)，列入 NII 指的是通过网络的使用来支持经济增长、教育和社会服务[5]。

第5章　PPGIS 的案例研究——WebPolis

本章要阐述的 WebPolis 是一个网上社区决策支持系统,是笔者在美国东密歇根大学期间参与的一个项目。WebPolis 是 PPGIS 在社区层面的一个应用系统,目前已经在美国密歇根州的多个城市和县区成功运行。本章将从 WebPolis 的背景、系统设计、功能组件、应用模块、案例研究等方面对 WebPolis 进行全面的阐释,试图揭示如何将公众参与(PP-PublicParticipation)、网络和 GIS 相结合并应用于社区的管理和决策,为国内的 PPGIS 研究和实践提供有益的借鉴[5]。

5.1　概述

纵观世界,许多国家都在进行地方分权治理和决策的实践,权利可能会下放到地市级。但是由于当地政府缺少足够的关于社区方面的信息,从而降低了决策的有效性,某些决策很难或者根本没有考虑到社区居民的需要。因为地方政府的决策一般具有宏观性,它很难顾及具体的一个小区或社区——这样小的一个社会单元的利益。因此加强社区管理和决策的自主权将是一个发展方向,这些社区必须和当地区域管理机构接触,重新定义自己的角色和功能。但在许多乡村地区,当地社区缺乏规划资源、专职且有经验的工作人员和充足的资金。如分发宣传材料,举办座谈会、讨论会、各种展览会,发布社区新闻等,这些活动都需要具有一定经验的专业人员进行策划和组织,并有资金保障。没有公众参与和专家知识共享的决策可能要冒失败的风险。另一方面,信息技术和通信技术迅猛发展,特别是互联网技术,它可以提供更多的在线资源供社区管理者和社区居民利用。它的表现形式多样,如 E-mail、论坛、搜索引擎、WebGIS、经济和财政模型等。但是这些方式之间彼此分离,不同的应用分析模型位于不同的在线系统上,使用户很难充分利用,因此客观上要求将这些不同形式的信息或资源获取方式整合到一起,从而建立一个能提供标准、互动、链接且具有友好界面的集成在线应用程序的接口[5]。

基于上述考虑,美国商务部在 2002 年提供 241185 美元资金赞助东密歇根大学,用于开发在线社区规划和决策系统的工作原型。WebPolis 项目是 Link Michigan 项目的一部分,目的是借助于先进的互联网和 GIS 技术提高社区决策的公众参与程度。WebPolis 协会的目标是利用互联网技术为当地政府部门促进决策:①提供给当地官员和公民共识构建工具;②提供较丰富的信息;③促进更高效的公众参与当地决策;④社区间共享信息资源;⑤提供社区技术领域的研究机会。WebPolis(http://www. WebPolis. info)是在线通信技术的第三代,利用网络虚拟工作环境进行城市间、城市内协作。通过 WebPolis,居民、社区领导、政府官员可以共享应用程序、数据库和参加网络会议[5]。

　　该项目最初的设想是为贫民社区、小城市和乡村地区服务的，目的是使这些地区享受先进的网络技术服务。2002 年美国联邦报告表明：与外界没有联系的人口主要由四个群体组成：低收入家庭、受教育程度低的成年人、拉丁美洲裔居民和非洲裔居民。本项目旨在鼓励社区各组织、团体通过互联网参与社区事务。WebPolis 以其友好的用户界面和互动性，为广大乡村地区和信息资源缺乏地区建立和提供信息化服务，将置公众于"数字鸿沟"的对面变为让公众积极参与到当地政府的活动和决策过程中[5]。

5.2　系统设计

5.2.1　系统设计的原则

1. 整体性

从系统的整体出发，做好系统建设的长远规划，重点突出，按步骤、按阶段分步实施。

2. 高可用性和可扩展性

采用先进成熟的技术和平台，保证了系统的高可用性、可伸缩性和可扩展性，兼顾了将来的发展趋势。

3. 安全性和稳定性

保证信息系统的安全，以先进的安全策略和手段防范各种非安全因素。系统应有用户分级、口令等安全防护措施，有一定的容错能力和良好的提示功能，不会因一些简单的错误就导致系统崩溃。

4. 经济性

系统的建设应在实用的基础上做到最经济——以最小的投入获得最大的效益。经济性必须以实用性和发展性为原则。

5. 易操作性

美观、友好的人机操作界面，易学、易用、易维护，并且要有可视化的网络监控和管理。

5.2.2　系统总体设计

1. 系统架构

系统架构如图 5-1 所示。

2. 系统组成

WebPolis 在分布式环境下运行，由标准网络应用程序、用于地理信息发布的标准网络 GIS 应用程序和高级网上数据处理及分析应用程序三部分组成（见图 5-2）。①标准网络应用程序包括网络界面、用户管理、城市管理、用户政策管理、网上评论和信息系统、网上决策系统（网上论坛、调查、投票系统）、经济发展应用程序、数据挖掘和获取应用程序。②标准网络 GIS 应用程序包括用于标准地理信息地图显示和发布的模块和标准地理信息查询。③高级网上数据处理及分析应用程序提供了高级的 GIS 数据处理功能如网上图形合

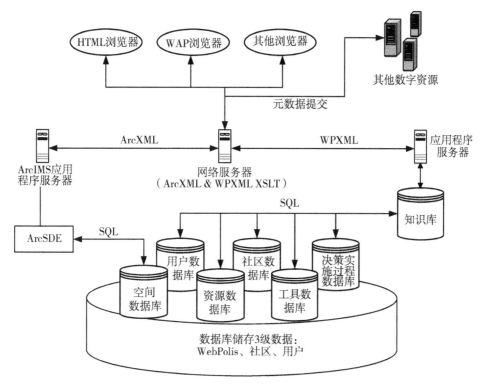

图 5-1 WebPolis 的系统架构

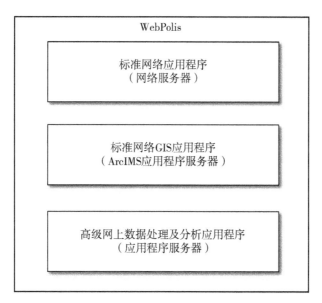

图 5-2 系统组成

并、分解、交叉，高级空间分析功能如网上叠加分析。这类应用程序由网络论坛和标准网络 GIS 界面集成[5]。

5.2.3　功能模块详细设计

　　系统总体上由三大功能模块构成，分别是标准网络应用模块、标准网络 GIS 应用模块和高级 GIS 模块。而每一个模块又可细分为若干的子模块。在设计时本着"耦合小，内聚大"的基本原则，耦合小使得模块间尽可能相对独立，可以单独开发和维护，内聚大使得模块的可理解性和维护性大大增强[5]。功能模块的详细设计见图 5-3。

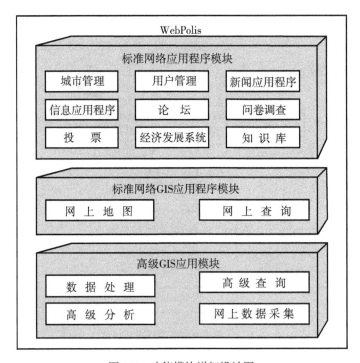

图 5-3　功能模块详细设计图

1. 标准网络应用程序模块

①城市管理：管理研究区域城市或乡镇的程序；

②用户管理：管理用户账户和用户政策的程序（如优先级，相关的城市或乡镇）；

③新闻应用程序：为每个城市或乡镇提供新闻简报；

④信息应用程序：提供个人或组织的评论和信息；

⑤论坛：提供一个多用途的网上论坛；

⑥问卷调查：网上调查问卷系统；

⑦投票：网上投票系统；

⑧经济发展系统：基于决策系统的经济发展模式选定；

⑨知识库：知识挖掘和获取应用程序[5]。

2. 标准网络 GIS 应用程序模块

①网上地图：GIS 数据成图及发布；

②网上查询：网上地理信息查询，包括属性查询和空间查询。

3. 高级 GIS 应用模块

由标准网络界面和标准网络 GIS 界面集成。

①数据处理：网上数据处理，如缓冲区分析，图形合并、交叉、分解等；

②高级查询：提供高级空间查询功能；

③高级分析：包括高级网上空间分析，如网上叠加分析等；

④网上数据采集应用程序：为创建新图层，采集空间和属性数据提供了一个网络平台[5]。

5.2.4 软硬件设计

计算机软硬件的系统配置应该以应用的实际需求为依据，以系统的处理功能为准则，从而减少不必要的投资。另外，在选择计算机系统时，应提出几种选型方案，并进行认真分析比较，选出性能价格比较高的计算机系统。基于此，本系统的软硬件配置方案如下：系统硬件由网络服务器、数据库服务器、GIS 应用程序服务器、开发服务器和工作站五大部分组成[5]。具体连接关系如图 5-4 所示。

1. 网络服务器

网络服务器是通向互联网的入口，标准网络应用程序模块平台。

①硬件：Dell PowerEdge 2600 Server；

CPU：3.2 GHz Intel Xeon 处理器，2MB 缓冲；

RAM：2G DDR SDDR RAM。

②操作系统：Linux Server。

③网络服务器：Apache+Tomcat。

④支持编程语言：PHP，Java。

2. 数据库服务器

数据库服务器是企业地理数据库系统平台。

①硬件：Dell PowerEdge 2600 Server；

CPU：3.2 GHz Intel Xeon 处理器，2MB 缓冲；

RAM：2G DDR SDDR RAM。

②操作系统：Windows Server 2003。

③数据库：SQL Server 2000。

④地理数据库接口：ArcSDE9.0。

3. GIS 应用程序服务器

GIS 应用程序服务器是标准 GIS 应用程序和高级 GIS 数据处理、分析应用程序平台。

①硬件：Dell PowerEdge 2600 Server；

CPU：3.2 GHz Intel Xeon 处理器，2MB 缓冲；

RAM：2GDDR SDDRRAM。

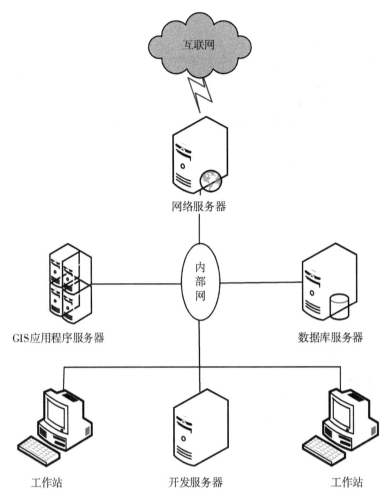

图 5-4　系统硬件连接示意图

②操作系统：Windows Server 2003。
③网络服务器：Apache+Tomcat。
④GIS 服务器：ArcIMS 9.0。
⑤SDE 客户端：ArcSDE Java SDK Client。
⑥支持编程语言：Java。

4. 开发服务器

为所有的模块提供了一个开发环境，可在工作站运行。

5. 工作站

工作站是应用程序的开发和 GIS 数据管理平台。
①操作系统：Windows XP。
②GIS 软件：ArcGIS9.0。
③开发环境：PHP 用来开发网络界面和标准网络应用程序；ArcIMS Java Connector 用

来开发标准网络 GIS 应用程序；ArcSDE Java SDK 用来开发高级网上数据处理功能[5]。

5.2.5 基础数据准备

WebPolis 作为一种社区在线决策支持系统，如果没有充足的数据做支撑，那么它所有的功能都只是空架子而已，没有可操作性，也失去了实际的意义。由于系统的复杂性，需要的数据种类很多，如文本、表格、图形、图像等。需要强调的是，因为 WebGIS 是系统必不可少的一个功能模块，所以地理空间数据也是重要的组成部分[5]。根据系统的功能和结构，需要准备的基础数据有以下九大类：

①美国国情普查数据：街区数据、土地数据；

②行政数据：县界、市界、村界、学区；

③交通数据：街道、铁路、高速公路；

④基础设施数据；

⑤水文数据：河流、湖泊、湿地、地下水；

⑥土地覆被与土地利用数据；

⑦地质数据：地质构造、坡度；

⑧遥感影像；

⑨当地社会经济数据[5]。

5.2.6 系统数据库组织与设计

WebPolis 地理数据库由 MS SQL Server 和 ArcSDE 9.0 实现。它包括应用程序数据、GIS 基础数据、研究区域的社会经济数据和知识库，如图 5-5 所示。

①应用程序数据库：包括与用户管理、城市管理、新闻、评论、信息应用程序、论坛、在线调查与投票程序相关的各种数据。

②GIS 基础数据库：包括统计数据、行政数据、交通数据、基础设施数据、测量数据、水文数据、土地利用数据、地质数据、遥感影像等。

③社会经济数据：包括人口数据和经济数据。

④知识库：知识库的目的是利用基于专业成功经验的知识和信息提升社区决策的效能。它包含两个组件：知识获取系统和案例研究系统。知识库使得决策者和公众能够通过简单的步骤就可利用专家知识[5]。

5.2.7 接口和网络安全设计

1. 接口设计

服务器端的通信和连接使用国际通用的标准 TCP/IP 和 HTTP 协议并通过 Internet/Intranet 实现。服务器端应用程序与后台数据库的通信则利用目前流行的 JDBC 技术实现[5]。

2. 网络安全设计

为了提高系统的网络安全性，防止非法的用户入侵，本系统采用合法用户授权与防火墙相结合的方式限制网络用户对系统的访问。对系统进行分级分层授权，数据也要分级分

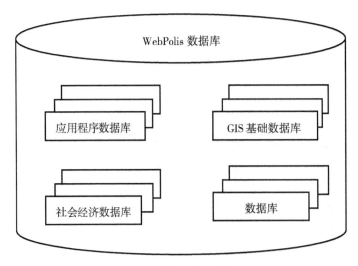

图 5-5　系统数据库结构图

层管理，系统设有合法用户数据库，对不同用户设定不同的权限，如高级用户权限、数据管理者权限、数据输入者权限等，以保证网络信息的安全。系统网络引入防火墙，它决定了哪些外部用户能访问哪些 Internet 服务，哪些内部人员能访问哪些 Internet 服务等。同时，防火墙允许经授权的数据通过。防火墙提供了两种主要功能：网络安全性和数据安全性[5]。

5.3　功能组件

WebPolis 是基于组件的，每一个组件都可以单独使用。它包括用户组件、社区参与组件、地理信息系统组件、规划与经济模型组件、共识构建程序组件和知识与专家组件六个主要部分，如图 5-6 所示。

5.3.1　用户组件

用户组件管理用户资源、记录用户活动。用户被赋予不同的访问权限，如共享、浏览、发布数据和监控讨论，组织、参与共识构建，制订社区间共享规则。社区管理人员是社区资源的管理者和所有者，他们要宣传、鼓励 WebPolis 协会成员和公众之间的资源共享[5]。

5.3.2　社区参与组件

社区参与组件为公众参与人员提供了一系列的交流工具集。这些工具集包括讨论会、电子邮件、聊天室、社区简讯。利用这些交流工具，参与者几乎可以完全依靠 WebPolis 接口来交换信息和管理在线活动，而不需要使用其他商业软件包[5]。

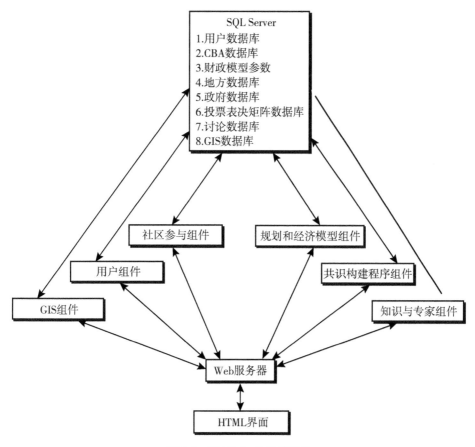

图 5-6　WebPolis 的功能组件

5.3.3　地理信息系统组件

　　地理信息系统是一种采集、存储、管理、分析、显示与应用地理信息的计算机系统，它的集信息和可视化数据于一体的功能有助于决策者了解隐含在数据中的信息。在WebPolis 中，GIS 组件提供了数据处理工具，包括：生成地理要素、填写要素属性表、将新生成的要素存入 GIS 数据库。用户可以利用这些数据处理工具来操作所提供的数据，整合自己的数据以便日后分析使用[5]。

5.3.4　规划与经济模型组件

　　规划和经济模型组件提供了一系列决策支持工具箱，如财政模块、贷款/资助搜索引擎和土地选址模块，帮助用户进行多数据源结果的分析、可视化和交互[5]。

5.3.5　共识构建程序组件(CBA)

　　共识构建程序组件(Consensus Builder Application，CBA)是一个决策的逻辑引导程序，它使当地官员选定的参与者能够就特定问题的几种方案进行讨论和投票。城市管理者和 CBA 的所有者可以把它确定为知识库资源的一部分，供公众共享[5]。

5.3.6　知识与专家组件

知识与专家系统组件由知识获取系统和案例研究系统两部分组成。在 WebPolis 中，它将查询或搜索过程(用户经验)存储在知识数据库系统中，使得决策者和公众通过简单的步骤就可利用专家知识[5]。

5.4　主要应用模块

目前已开发了一系列的在线应用程序，主要在演示模式下(http://www.WebPolis.info)。它们包括：一个全新的当地经济发展方案模型创建模块、用于再开发项目的财政分析模块、网上土地选址应用模块、一个社区在线论坛、一个社区简讯平台和一个独特的共识构建模块。每一个模块都与其他模块互动，共享数据和资源并链接到交流应用程序[5]。

5.4.1　网上土地选址应用模块(OLSA)

城区的发展和再开发是一个复杂的系统工程，在这个过程中涉及自然、社会、经济等许多因素。城市规划人员要建立一个合理的城区发展计划，选址分析是第一步且是非常重要的一步。为了找到适合新城区发展的最佳地点，规划和开发人员必须考虑一系列的问题，如新开发项目的整体目标是什么？哪些社会经济因素(如交通条件、当前土地利用类型、河流或湿地的环境影响等)需要考虑？这些因素的重要程度如何？基于对这些问题的回答，规划人员可以设定一系列方案找到最佳场地。如果开发目标是交通便利、对环境影响小、花费少，那么规划人员可以建立如下方案：找到离路近(便利)，但离河流和湿地远(避免污染河流和湿地)，坡度低于 10 度(易于建设)，当前土地利用类型是耕地、草地、公共用地或林业用地的场地，要找出满足上述条件的场地，需要进行许多空间操作(空间查询、缓冲区分析、叠加分析等)[5]。

WebGIS 正是这样一个理想的工具，它是 Internet 和 WWW 技术应用于 GIS 开发的产物，是实现 GIS 互操作的一条最佳解决途径。它能提供强大的空间分析功能，使得上述的问题迎刃而解。从传统意义上讲，许多 GIS 的功能是基于工作站的，因为它是较新的技术，所以对大多数规划人员来说是陌生的。而如果购买商业化的 GIS 软件产品，势必会增加开发的成本，怎样既能利用 GIS 的强大功能而又尽量减少不必要的开支，这个问题对所有 GIS 研究人员和规划人员都是一个挑战，基于 WebGIS 的城区土地选址系统正是对这一挑战的回答。该模块是一个确定城区发展用地供给的网上应用程序，它允许用户设定自己的方案，包括要考虑的因素，如土地利用现状、土壤类型、湿地、河流、交通条件等，还要考虑每个因素的权重和等级。用户创建或选定了一个方案后，这个程序将提供一系列的空间查询和空间分析功能，如缓冲区分析、叠加分析等，筛选出具有不同属性值的基本土地单元，然后用选定因素的权重和等级计算出每个土地单元的总分值。依据分值大小对所有的土地单元进行分级定等：最适宜开发地区、较适宜开发地区、一般适宜开发地区、不适宜开发地区等，为规划人员和决策者提供参考[5]。

1. OLSA 的体系结构

OLSA 的核心是一个分布式 GIS（见图 5-7），采用 Oracle9i 作为空间数据库，用 ArcSDE（ESRI 的空间数据引擎）作为空间数据库的入口。由用户通过客户端浏览器向 Web 服务器发送请求，Web 服务器通过 ArcIMS 将客户端的请求发送至 WebGIS 服务器，WebGIS 服务器通过空间数据库引擎 SDE 从数据库（Oracle）中索取所需的数据，并利用其强大的空间分析工具完成各种复杂的空间操作，最后将处理结果以栅格图像的形式通过 Web 服务器返回到客户端浏览器，实现分析结果的可视化，从而完成一次选址过程[5]。

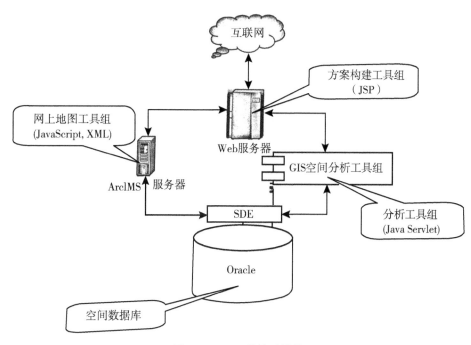

图 5-7　OLSA 的体系结构

2. OLSA 的构建方法

与传统的决策过程类似，OLSA 也需要三步来完成分析过程：

①让用户指定选址的目标和标准，建立一个方案模型；

②用 WebGIS 的空间分析工具来计算符合条件的地块；

③在网上发布和显示分析的结果[5]。

与上述三步相对应，OLSA 由三个主要功能模块或子系统组成（见图 5-8）：方案构建模块、空间分析处理模块和结果发布模块。

（1）方案构建模块

方案构建模块提供了一个基于网络的界面，城区规划和开发人员利用它可以创建开发的目标和标准。此模块用 JSP 技术开发。模块中列出了与选址相关的一些要素或者说是影响城区选址的多个因子。在该模块中有两个重要的概念——权重和等级[5]。

权重：用来确定在整个模型中某个要素的影响程度。例如，河流缓冲区的总体影响。

等级：用来确定某个要素不同级别的分值。例如，距河流 1000m 的地块的分值。

```
┌─────────────────────────────────┐
│         方案构建模块              │
│          新建方案                │
│  选择要素及其权重、等级(用JSP)    │
└─────────────────────────────────┘
                ↓
┌─────────────────────────────────┐        ┌──────────────┐
│         分析处理模块              │        │  空间数据库  │
│    (用JAVA/J2EE SDE API)         │        │ (SDE+Oracle) │
│  ┌──────────┐  ┌──────────┐      │        └──────────────┘
│  │ 查询子程序 │  │ 空间查询 │      │   ←→
│  ├──────────┤  ├──────────┤      │
│  │ 重叠子程序 │  │缓冲区子程序│     │
│  ├──────────┤  ├──────────┤      │
│  │ 交叉子程序 │  │历史追踪子模块│    │
│  └──────────┘  └──────────┘      │
└─────────────────────────────────┘
                ↓
┌─────────────────────────────────┐
│         结果发布模块              │
│   用网上地图显示分析的结果         │
│  (用JavaScript, XML, ArcIMS)      │
└─────────────────────────────────┘
```

图 5-8 OLSA 的功能模块

每个地块的总分值可用下式计算：

$$S = R_i \cdot W_i \tag{5-1}$$

式中，R_i 是因素 f 的等级；W_i 是当前因素 i 的权重。方案构建的第一步就是由用户选定欲考虑的因素，并指定它们的权重，如图 5-9 所示。

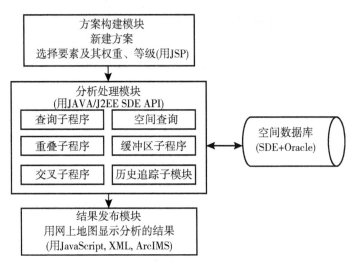

图 5-9 指定权重界面图

当开发人员选定了要考虑的因素后，就可以给选定因素的每种等级类型赋值，并选定可开发的土地利用类型，如图 5-10 所示。

（2）空间分析处理模块

如果在构建方案时选择了坡度、河流缓冲区和道路缓冲区三个因素，那么对应的原始

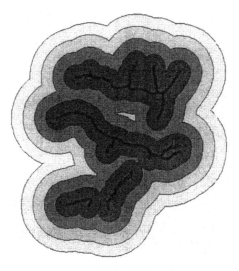

Scenario Factor Ratings		
Slope	0 - 5%	Rate= 5.0
	5 -10%	Rate= 4.0
	10-15%	Rate= 3.0
	15-20%	Rate= 2.0
	> 20%	Rate= 1.0
Stream Buffer	4000	Rate= 5.0
(feet)	3000	Rate= 4.0
	2000	Rate= 3.0
	1000	Rate= 2.0
	1000	Rate= 1.0
Road Buffer	1.0	Rate= 5.0
(mile)	2.0	Rate= 4.0
	3.0	Rate= 3.0
	4.0	Rate= 2.0
	>4.0	Rate= 1.0

Reset Next

图 5-10　选择可开发类型界面图

数据则最有可能是该地区的地势图或 DEM、河流分布图和道路分布图，所需要的原始数据都已经预先存储在服务器端了。因此，用户无需考虑数据如何获取，他们需要做的就是提交方案，系统将利用空间分析处理模块对问题进行自动地求解。本系统开发了三个主要空间分析功能：缓冲区分析、叠加分析和空间查询[5]。

①缓冲区分析：用来回答诸如"离河流有多远？"等问题。例如，如果河流污染最小是目标之一，开发人员可能想找出距河流分别为 100m、1000m、2000m、3000m 和 4000m 等不同范围内的所有地块(见图 5-11)，每个环形缓冲区对开发的影响是不同的，按照影响程度的大小排序：

$$P_{100m}>P_{1000m}>P_{2000m}>P_{3000m}>P_{4000m}。$$

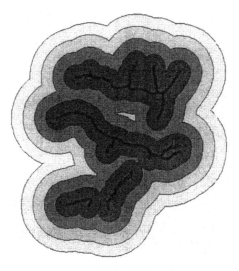

图 5-11　缓冲区分析示意图

②叠加分析：用来回答诸如"距离大于 2000m，并且坡度小于 10°"这类问题，叠加的算法可以参见图 5-12。叠加分析不仅生成了新的空间关系，还将输入数据层的属性联系起来产生了新的属性关系，如图 5-13 所示。

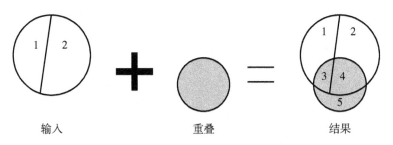

输入　　　　　　　　　重叠　　　　　　　　　结果

图 5-12　"重叠"算法的几何操作示意图

原属性

ID	IC1
1	A1
2	A2

ID	IC2
1	B1

结果属性

ID	IC1	IC2
1	A1	
2	A2	
3	A1	B1
4	A2	B1
5		B1

图 5-13　"重叠"算法的属性操作示意图

③空间查询：用来回答诸如"坡度小于 5% 的地块都有哪些"这类问题。例如，筛选出所有距河流在 2000~3000m 的环形缓冲区内的地块，系统提供了如下空间筛选器：面积交叉，边缘邻接，一个图形被另一个图形包含，一个图形包含另一个图形[5]。

（3）空间分析处理的组织与优化

开发人员将他们的方案上传到服务器后，系统中的空间分析子系统自动接受方案构建模块生成的所有参数，进行一系列的空间运算。由于在系统中空间运算是最费时的，所以有必要对空间分析的处理过程进行精心的组织和优化[5]。优化的目标列举如下：

①处理过程中产生的多边形最小；

②多边形应在请求处理前生成，即尽可能在请求处理前选择完毕；

③缓冲运算（使用历史记录），即保持追踪所有的空间操作，用 FIFO 算法储存所有空间操作[5]。

图 5-14 是一个空间操作的优化解析过程的例子。

（4）用网上地图展示分析结果

完成空间操作后，系统将自动调用网上地图工具，显示方案结果，在网上地图工具中，用户可以调整地图的比例尺，进行放大、缩小等操作，控制哪一个图层可视，对图层进行查询、统计分析等[5]，如图 5-15 所示。

3. 网上土地选址应用模块（OLSA）实际运行过程

OLSA 是 Michigan 州 Albion 市经济发展应用程序的一部分。它是社区确定适合开发地

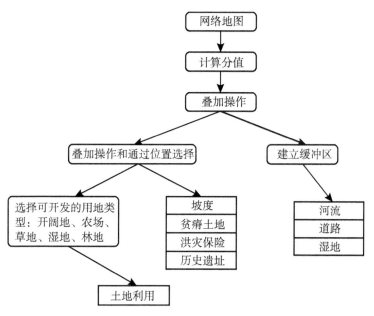

图 5-14　空间操作的优化解析过程

图 5-15　OLSA 网上地图工具图

块供给情况的一个过程，这个模块对于说明土地利用计划的指导路线非常重要。OLSA 基于对不同类型的地块赋不同的值，地方政府可以根据侧重，即通常所谓的"方案"选择来定义土地类型；Albion 市 OLSA 的目标是加快经济发展，即为新的经济增长找出最佳场所，因而 Albion 市的"方案"是经济增长[5]，如图 5-16 所示。

　　OLSA 推断哪些区域适合开发或不适合开发。通常，当准备一个综合的土地选址图时，要考虑交通条件、土壤状况、坡度状况、洪水警戒面、湿地或地下含水层等因素，如

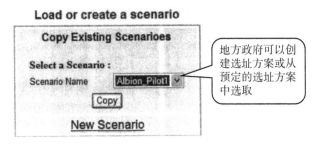

图 5-16　OLSA 方案选定界面图

图 5-17 所示。OLSA 基于给不同土地类型赋不同的值，该值可由两个重要因素计算出。给要考虑的每个数据层赋权重（Weights）值（见图 5-18）：给数据层的不同类型赋等级值（Ratings），地方政府可以给数据层的不同类型赋等级值，高等级值比低等级值更重要[5]，如图 5-19 所示。

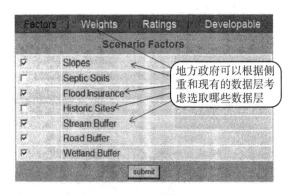

图 5-17　OLSA 因素选定界面图

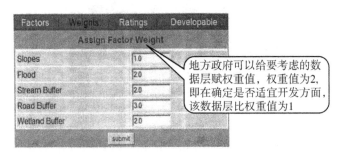

图 5-18　OLSA 权重选定界面图

OLSA 通过考虑当前土地利用现状确定哪些地块是可以开发的，地方政府能够根据侧重(方案)确定哪里可以开发，如图 5-20 所示。

OLSA 根据权重和等级计算出总分值。一般来说，越适合开发的区域，其总分值越

Factors	Weights		Developable
	Assign Factor Ratings		
Slopes(%)	5		5.0
	10		4.0
	15		3.0
	20		2.0
	25		1.0
Flood	Flood Depths of 1-3ft Base Flood		2.0
	500-year Flood Plain		1.0
	No Base Flood Elevations Detem		5.0
	Base Flood Elevations Determine		4.0
	Flood Depths of 1-3ft Base Flood		3.0
Stream Buffer(ft)	4000		5.0
	3000		4.0
	2000		3.0
	1000		2.0
	100		1.0
Road Buffer(mile)	1.0		5.0
	2.0		4.0
	3.0		3.0
	4.0		2.0
	>4.0		1.0
Wetland Buffer(ft)	>5000		5.0
	3500-5000		4.0
	2000-3500		3.0
	1000-2000		2.0
	<1000		1.0
	submit		

图 5-19　OLSA 等级选定界面图

图 5-20　OLSA 可开发土地类型选定界面图

高，如图 5-21 所示。例如，具有完善的基础设施、交通便利的区域被认为适合开发程度高，而与湿地和山地相邻的区域被认为适合开发程度低[5]，分析结果如图 5-22 所示。

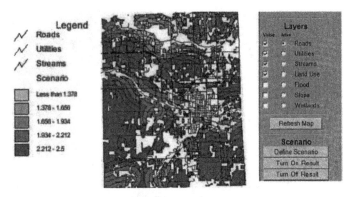

图 5-21　OLSA 分值计算界面图

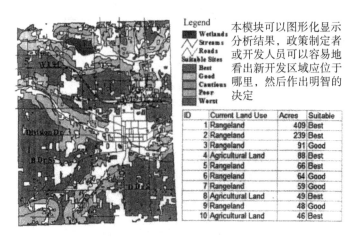

图 5-22　OLSA 分析结果界面图

4. 网上土地选址应用模块小结

网上土地选址应用模块(OLSA)是一个分布式的 GIS 应用程序，用于社区的规划工作。利用这个系统，规划开发人员能在网上创建自己的方案，并将方案提交给 WebGIS 服务器端，服务器端进行空间分析操作，并将结果以地图的形式返回给客户端浏览器。WebGIS 技术为更多的城市规划人员提供了一个强大的选址分析工具，也使更多的人能够享用在线的 GIS 服务。但目前的系统仍有一定的局限性。首先，它提供的空间操作运算数量有限；另外，在方案构建模块中可选择的因素也受限制，将来要着重在此模块中增加更多的空间操作功能，为规划开发人员研发一个更灵活的方案构建模块[5]。

5.4.2　共识构建应用模块(CBA)

1. 共识构建应用模块系统设计

共识构建应用模块(Consensus Builder Application，CBA)是一个决策的逻辑引导过程，它使当地官员选定的参与者能够就特定问题的几种方案进行讨论和投票。参与者可以通过自权重重复投票(Self-Weighted Iterative Voting，SWIV)过程表明自己的观点[5]。共识构建应用模块系统设计流程如图 5-23 所示。

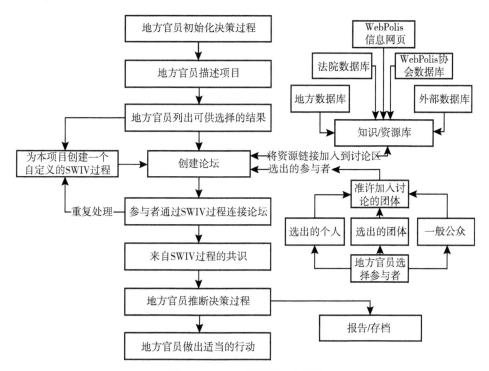

图 5-23　CBA 系统设计流程图

2. 共识构建应用模块实际运行过程

首先由地方官员根据需要选择参与者。如图 5-24 所示，社区管理人邀请参与者参与到决策过程有两种类型：作为个人的居民或市政官员。在决策过程中，社区管理者可监控论坛，删除或屏蔽讨论流程；管理人或用户可根据需要对决策过程引导一个或多个问卷调

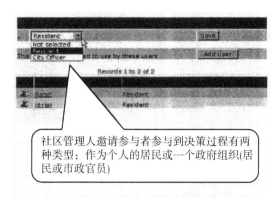

图 5-24　CBA 参与者选择界面图

查；也可把有助于讨论的外部网络链接、上传文件或参考文献加入到讨论区；借助于 WebPolis 工作人员的支持，管理人或用户能够为一个决策过程提供网络 GIS 地图，论坛界面如图 5-25 所示。当为不同的方案设置一个民意测验时，社区管理者可以选取单个或多个约束条件的投票方式，管理者也可为一个方案中的各个因素确定权重，如图 5-26 所示。在一个多约束条件的投票方式下，用户可以对不同方案的多个因素投票表达自己的偏好，这种方式使高级用户和专家能够更详细地表达他们的意见[5]。

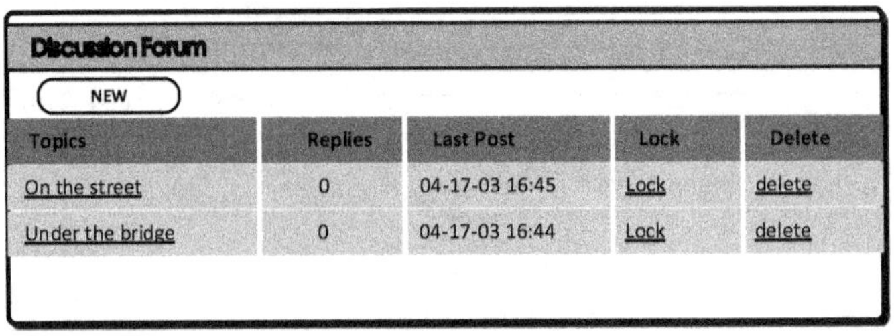

图 5-25　CBA 论坛界面图

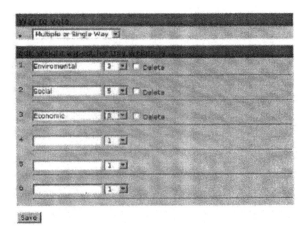

图 5-26　CBA 选取投票方式和确定权重界面图

3. 共识构建应用模块案例讨论

本小节以 Ypsilanti 市河畔公园行人穿越道路项目（简称 Ypsilanti 项目）为例讨论如何达成共识并做出决策，项目初始界面如图 5-27 所示。共识构建应用模块是一个从多个可供选择的方案中选出最佳方案的网络方法，任何人都可以利用这一方法和过程，项目的信息参考界面、投票结果界面和项目位置图分别见图 5-28、图 5-29、图 5-30。要使用这一过程，首先要对项目进行描述，列出可供选择的方案，选定参与者，即要开始这一过程，必须完成以下步骤[5]：

①本项目需要决定的是什么？（Ypsilanti 是沿河边行走的人，应该如何穿过 Michigan 大街？）

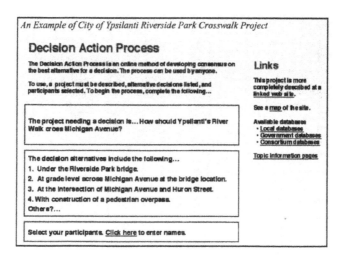

图 5-27 Ypsilanti 项目初始界面图

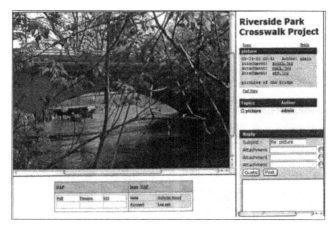

图 5-28 Ypsilanti 项目信息参考界面图

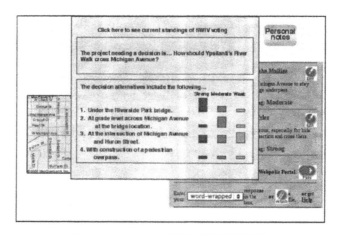

图 5-29 Ypsilanti 项目投票结果界面图

图 5-30   Ypsilanti 项目位置图

②可供选择的方案如下：

a. 从桥下通过；

b. 在桥的位置修建台阶通过 Michigan 大街；

c. 在 Michigan 大街与 Huron 街的交叉路口通过：

d. 修建过街天桥；

e. 其他方案。

③选择参与者[5]。

5.4.3   经济发展方案模型创建模块

首先初始化"方案"，列出所有定义过的方案，用户可以浏览、删除或创建一个新的方案，如图 5-31 所示。

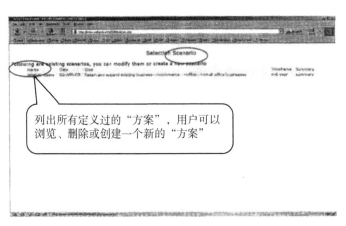

图 5-31   经济发展方案初始化界面图

要定义一个新的经济发展模型，首先确定它的时间框架，如图 5-32 所示。

图 5-32 时间框架选择界面图

然后确定经济发展方案的主要目标，如图 5-33 所示。

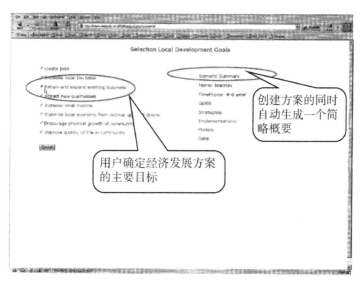

图 5-33 确定经济发展方案主要目标界面图

有些情况下，在主要目标下包括一系列的子目标，用户需确定哪个子目标是他们最需要的，如图 5-34 所示。

在这个特定的案例中，包括确定四个子目标，见图 5-35。

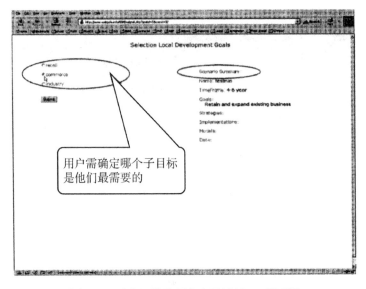

图 5-34　确定经济发展方案子目标(1)界面图

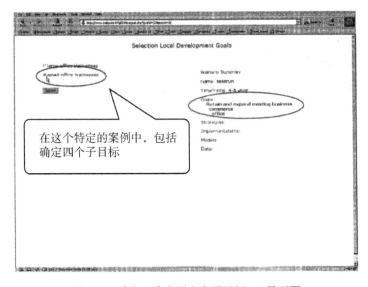

图 5-35　确定经济发展方案子目标(2)界面图

接下来选择当地发展策略,所选目标的发展策略基于专家经验和知识给出,用户为了达成他们的目标和子目标可以选择一个或多个策略[5],如图5-36所示。

根据选定的策略,系统提出实施计划建议,用户可以选择一个或多个实施方法,如图5-37 所示。

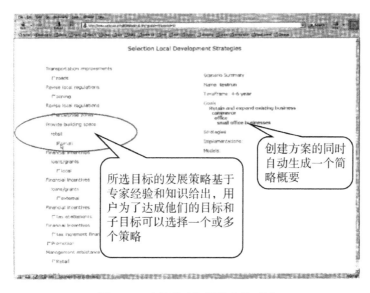

图 5-36　选择当地发展策略界面图

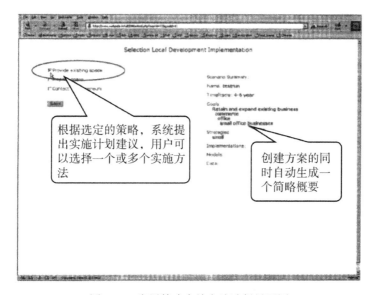

图 5-37　发展策略实施方法选择界面图

　　根据选定的策略，系统提出适当的分析工具/模型，用户可以选择一个或多个模型来实施分析操作，如图 5-38 所示。

　　图 5-39 列出了用户选定的执行分析操作所需的数据层供用户参考，有些数据层由 WebPolis 协会提供，有些需要用户自己准备。

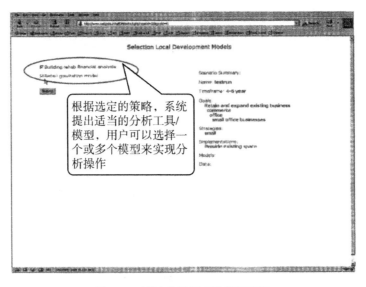

图 5-38　当地发展模型选择界面图

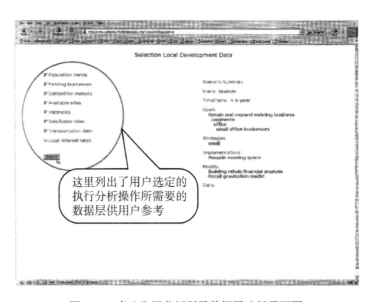

图 5-39　当地发展分析所需数据层选择界面图

当完成了所有的选项以后，一个简略概要就显示出来了，界面如图 5-40 所示，即创建了一个新的经济发展方案模型，利用该模型，用户就可以对该模型做进一步的分析操作[5]。

5.4.4　贷款、资助搜索引擎

该搜索引擎是知识库获取信息的途径之一，工作流程如图 5-41 所示。

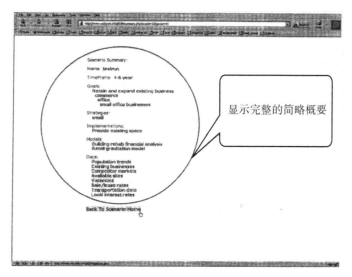

图 5-40 简略概要显示界面图

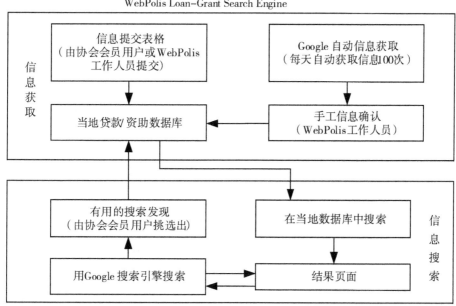

图 5-41 贷款/资助搜索引擎工作流程图

如果贷款/资助信息可用，WebPolis 协会成员可以把这些信息加入到 WebPolis 贷款/资助数据库中，如图 5-42 和图 5-43 所示。

WebPolis 协会用户可以很容易地查询贷款/资助信息，例如把"房子"作为关键词搜索，当地数据库找到 3 条记录，见图 5-44。如果需要进一步的搜索，WebPolis 协会用户可

图 5-42　把贷款/资助信息加入数据库(1)

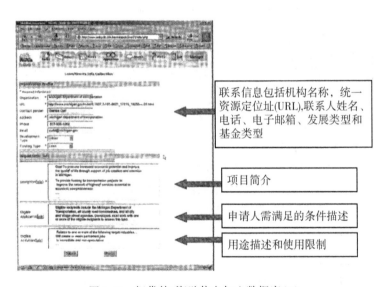

图 5-43　把贷款/资助信息加入数据库(2)

以用 Google 搜索引擎来搜索网站[5]。

　　同样把"房子"(house)作为关键词用 Google 搜索引擎搜索的结果，需要注意的是，由于协会用户来自 Michigan，因此自动加入关键词"Michigan"。同样的，会自动加入关键词"贷款"(loan)、"资助"(grant)、"基金"(fund)。如果认为从 Google 搜索得到的一条或多条记录有用，则用户可以很容易地把这些记录追加到当地贷款/资助数据库中[5]，如图5-45所示。

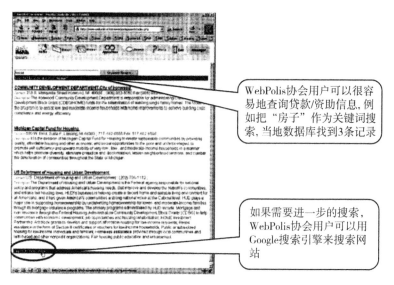

WebPolis协会用户可以很容易地查询贷款/资助信息,例如把"房子"作为关键词搜索,当地数据库找到3条记录

如果需要进一步的搜索,WebPolis协会用户可以用Google搜索引擎来搜索网站

图 5-44　用 Google 搜索贷款/资助信息(1)

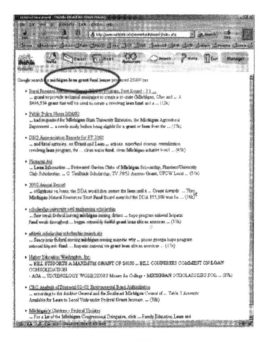

图 5-45　用 Google 搜索贷款/资助信息(2)

5.5　主要创新

WebPolis 为当地社区居民的在线交流提供了一个全新的界面,它有很多创新。它以全新的方式利用现有的技术,建立了一个新的虚拟协作环境,可以构建新的模块,模块间既

相互独立又互相关联，共享数据与资源[5]。

5.5.1　知识库

知识库的目的是利用基于专业成功经验的知识和信息提升社区决策的效能。它含两个组件——知识获取系统和案例研究系统。在 WebPolis 中知识获取系统由一组"保留功能"组成，它们将查询或探寻过程(用户经验)存储到知识数据库中以便日后作为应用指南使用。元数据的获取和管理也是知识库的一部分。知识库使得决策者和公众能够通过简单的步骤就可利用专家知识。案例研究系统将成功的和不成功的规划与决策案例收集在公共数据库中。维护和组织良好的案例系统将对公民和当地官员比较 WebPolis 档案中的相似案例有所帮助。案例研究将提供一个对问题中肯的判断并使决策者能够做出适当的修改。WebPolis 中的所有链接都可浏览用户社区数据库中的信息，并两两互连，数据库由公共主服务器维护[5]。

5.5.2　共识构建模块(CBA)

WebPolis 包含一个共识构建模块来协助当地官员和居民在本地决策事务中达成共识。用 WebPolis 的在线会议软件，负责决策事务的社区官员需首先初始化进程，既列出需要决策的问题又列出可供选择的解决方法。官员也指定合法的组织和个人参与，根据针对某问题的在线讨论，每一个参与者用"自权重反复表决"(SWIV)过程给出自己的选择方案。初始化共识构建模块进程的人(一般为社区工作人员)如果认为合适就可以采用此共识，然后将讨论和表决的过程、结果存入 WebPolis 数据库的档案中供以后参考[5]。

5.5.3　WebPolis 经济发展决策支持工具箱

分析工具分为三组：①经济发展模型和交互网络地图组件；②财政分析和功能组件；③管理在线调查和评估组件。工具箱由 GIS 集成的四类项目模型组成：土地利用模型、交通模型、经济模型和环境影响模型。借助于 GIS 可以整合各种模型的功能到一个集成的模型系统中。集成系统把出行需求、城区经济、财政和环境分析组合成一个强大的模型系统[5]。

5.6　案例研究

在 WebPolis 中，本案例研究是针对 Rivertown 社区的。在这个社区，用户能够参与到"市中心区振兴"项目的讨论和决策。对用户来说不仅只考虑决策，还要考虑的决策又快又好。

案例背景：Rivertown 是一个互动练习，是一个虚构的叫做 Rivertown 的城市老城区，目的是让参加者参与到"老城区振兴"项目的决策中来。此模拟实验已成功地运用于东密西根大学规划与环境保护专业的研究生课程。2003 年以前，Rivertown 项目的参与者用 Web Cacuse——一种在线聊天软件，用来找出关于老城区振兴所存在的问题。现在这个社区采用 WebPolis 作为在线决策支持系统，因为 WebPolis 提供了许多便于社区用户进行决策的有用的工具[5]。

Rivertown 社区有三类用户：①社区管理者：负责管理用户、组织知识库和公告每日新闻；②社区工作人员：负责设计共识构建应用程序；③社区居民：可以用 WebPolis 共享数据，如图形、链接、音频和视频信息，使用工具箱，讨论问题，发送短信参与到共识构建应用程序中，针对特定问题表决。社区工作人员创建了一个共识构建应用程序，讨论提议的历史地区界线问题，并给出三种方案供选择。社区居民在共识构建应用程序框架内讨论，他们也用 GIS 工具浏览整个地区的地图，最后对方案表决。根据讨论的内容和表决的结果，社区管理人员做出最后的结论，并将共享决策过程作为知识库的一部分[5]。旧城区界线讨论界面和民意调查界面分别见图 5-46 和图 5-47。

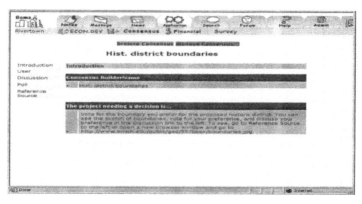

图 5-46　旧城区界线讨论界面图

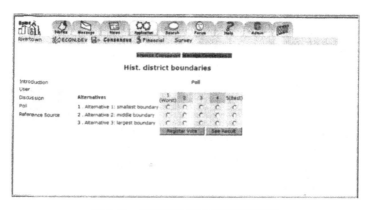

图 5-47　旧城区界线民意调查界面图

社区居民在共识构建应用程序框架内讨论，他们也用 GIS 工具浏览整个地区的地图，最后对方案进行表决，如图 5-48 所示。根据讨论的内容和表决的结果，CBA 的拥有者可以做最后的结论，并确定共享决策，作为知识库的一部分[5]。

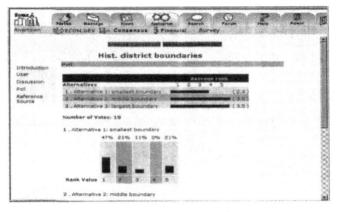

图 5-48　旧城区界线投票结果

5.7　结论

作为一个社区决策支持系统，WebPolis 给行政官员、规划人员、开发人员和居民带来了一种交互式的在线决策工具，借助于先进的互联网和 GIS 技术鼓励更多的社区参与到当地事务的决策中来，从而提高社区决策的公众参与程度。在系统的设计过程中，充分考虑了地方官员、规划人员，社区居民等不同层次用户的需求，建立了一个分布式的在线社区决策支持系统。功能模块设计和数据库设计是 WebPolis 系统设计的关键内容[5]。

WebPolis 有三项关键的创新技术：①知识库，存储了成功的专业决策过程的知识和信息，它提高了社区决策的可执行性；②共识构建程序组件（CBA），它是一个决策的逻辑引导程序，使当地官员选定的参与者能够就特定问题的几种方案进行讨论和投票；③决策支持工具箱，提供了发现数据中隐含信息的分析工具[5]。

目前，WebPolis 系统已经在美国密歇根州的一些社区正式运行，运行效果良好。随着该系统功能的不断完善和应用范围的不断扩大，它将成为社区决策与管理的有力工具，产生巨大的社会效益与经济效益。

第6章 PPGIS 项目评估

实际上，对 PPGIS 评估或评价的研究目前仍然是一个难点和热点问题。难点之一在于首先必须清楚地知道评估的目的是什么，是要评价政府的执政管理能力，还是评价公众参与的满意度？是评价项目是否最终完成既定的规划任务，还是评价不同阶段项目完成的效果？是单一项目的评价，还是多个项目的横向比较？难点之二在于很难建立一套通用的评价体系或标准，评估的目的不同，PPGIS 的应用领域不同，其评价的内容和方法也会有所差异。难点之三在于很多评价内容属于定性评价，主观性较强，不易对不同项目进行对比研究。当然，还有一个难点就是即便我们建立了所谓的评估体系或框架，但评估的内容应有不同的重要性，即权重的问题。总而言之，对 PPGIS 的评估目前还没有一种行之有效、被广泛使用的评价体系，因此本书仅列出一些有代表性文献提出的观点，有兴趣的读者可以进一步阅读相关文章，也欢迎大家一起探讨。

Kingston 等(2000)指出一个完善的基于网络参与式 GIS 系统应遵循三个原则：①易访问性；②易理解性和可扩充性；③建立高度透明的信任和责任机制，以确保参与者数据的合法性和访问数据所要承担的责任[81]。

Aberley 和 Sieber (2002)提出了 PPGIS 的 14 个指导性原则，比如社区发展和能力建设，使公众能获取官方统计数据；鼓励社会弱势群体参与；运用社会科学理论和定性研究工具等[229]。

Jordan(2002)构建了一个包含两大项 11 个子项的评估系统(见表 6-1)，PPGIS 数据和PPGIS 实施过程作为评估主项，PPGIS 数据又分空间准确度、数据相关性、数据质量、误差补偿和误差源 4 个子项，PPGIS 过程又分参与级别、参与者满意度等 7 个子项。这些评估项目有定性评价，如长期授权的评估、生成和组织数据的能力、也有定量评价，比如空间准确度、GIS 对项目的价值、PPGIS 的整体价值等。从上述评估的执行方式看，有数学方法、社会科学的研究方法(比如社会调查)、RRA、PRA，也有相关会议和讨论等。有些评估项会运用多种方式进行综合评判，如长期授权评估，需要用到 RRA、PRA 和社会科学方法、检验会议成果、使用数据的讨论等多种手段。综合来看，该评估体系较为系统，每项评估内容都有具体的实现方式，但未设置不同内容的权重，定性评价部分执行起来有一定难度[51]。

表 6-1 **PPGIS 评估内容和方式**[51]

评估项目	评 估 方 式
PPGIS 数据	
空间准确度	空间统计

续表

评估项目	评估方式
数据相关性	各参与方反馈会议
数据质量	数据评估
误差补偿和误差源	统计分析、数据评估
PPGIS 过程	
参与级别	Rapid Rural Appraisal（RRA）、Participatory Rural Appraisal（PRA）和社会科学方法
参与者满意度	各参与方反馈会议、检验 PPGIS 数据使用情况
生成和组织数据的能力	各参与方反馈会议、检验 PPGIS 数据使用情况
长期授权评估	Rapid Rural Appraisal（RRA）、Participatory Rural Appraisal（PRA）和社会科学方法、检验会议成果、使用数据的讨论
参与者期望评估	各参与方反馈会议、检验会议成果、使用数据的讨论
GIS 对项目的价值	使用 GIS 带来的成本收益分析
PPGIS 的整体价值	社会成本-收益分析

Meredith 等（2002）强调一个 PPGIS 项目成功的 3 个关键因素：数据采集——数据的筛选过程对 PPGIS 的结果会产生影响；技术先行——先进的 GIS 技术要走在公众参与能力之前；过程即产品——在参与过程中，公众接受、理解并参与完成一个系统，公众参与的目的就达到了[206]。

Barndt（2002）提出了 PPGIS 项目的三条评估原则：①从组织者提供适宜的、及时的信息角度理解项目的价值；②项目管理要实现可持续性并与相关组织或机构的活动相结合；③对支持当地居民进行社区建设达成一致。每条原则或内容又有具体的二级评价方法，以定性定价为主（见表6-2）。比如评价"PPGIS 项目的管理"，就有可持续性、可重复性、效率、完整性、系统复杂度 5 种具体指标[50]。

表 6-2　　　　　　　　　　　　　**PPGIS 项目评价模型**[50]

序号	评价内容	评价指标
1	PPGIS 项目成果的价值	• 适合的信息 • 以行动为导向 • 时效性 • 准确性 • 富于洞察力 • 时间尺度 • 协同性 • 定性与定量信息相结合

序号	评 价 内 容	评 价 指 标
2	PPGIS 项目管理	• 可持续性 • 可重复性 • 效率 • 完整性 • 系统复杂度
3	PPGIS 和社区发展原则	• 整合社区信息系统 • 信息获取的权利 • 社区发展优先权及能力构建 • 合作的价值 • 增强当地社区使用科技的能力与更广泛的社区发展进程相结合

Tulloch 和 Epstein(2002)引入经济学中收益(Benifits)分析的方法，提出"3E"原则——Efficiency(效率)、Effectiveness(效果)和 Equity(公平)，也可以说是"4E"，再加一个授权(Empowerment)，用来评估一种 GIS 产品——多用途土地信息系统(Multipurpose Land Information Systems，MPLIS)的应用价值[133]。

McCall(2003)总结了前人对"善治"(good governmence)特征的研究，并指出问责制(accountability)是实现"善治"的重要基础。问责制能够反映政府决策或政策的透明度以及对弱势群体的响应，问责制不是终点，而是为了实现更高等级的社会与政治目标，如合法性、参与度、尊重权利、授权、公平而非简单的平等、竞争力(包括效率)。最后得出结论：PPGIS 能够为"善治"提供强有力的支持，比如本地化知识和所有权以及上述的多种社会与政治目标[44]。在此基础上，McCall(2005)进一步提出了"善治"的指标体系和框架(见图 6-1)，并用于指导和评价 PPGIS 实践[53]。

Zhao 和 Coleman(2006)筛选了 11 个基于 Web 的 PPGIS 项目，并按照评估准则和工具对这 11 个应用进行了二维分类(见图 6-2)。评估准则都是定性指标，比如观点交流、评估创意的记录与分享、展示决策、空间背景下的有效沟通等；使用的工具包括电子邮件、决策支持系统、论坛以及地理参考评论等。其中只有第 11 个项目同时满足了 5 个准则中的 3 个，其余应用最多只能满足一个准则的要求。第一个准则"使专家起到引导者的角色"所有项目均未达到，这表明专家在多数 PPGIS 项目中的角色定位并不是很清晰，这种引导者的角色需要一定的经验和技巧，需要根据参与者的特点进行有针对性的指导[54]。

Kingston(2002)提出一个理想的 PPGIS 工程应该至少满足以下要求：挖掘参与各方组织、分析和讨论规划的能力；使参与者尽可能参与到整个规划过程，从目标设定、实现方法到完成后的评价等；开发专门的技术将参与者的观点和由他们生成的数据纳入规划过程；提供一套清晰透明的数据生成策略[195]。

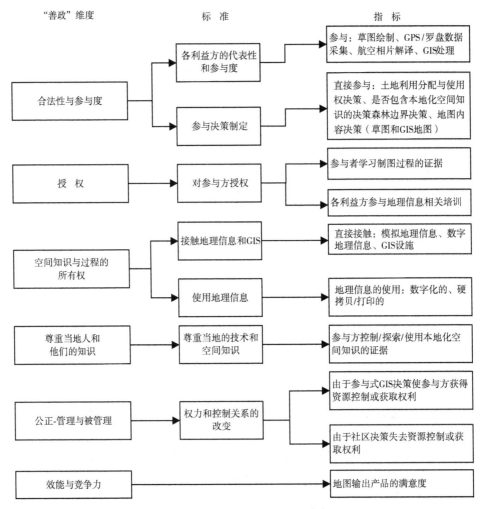

图 6-1　"善政"评价指标体系[53]

评估准则　　工具	使专家起到引导者的角色	观点交流	评估创意的记录与分享	展示决策	空间背景下的有效沟通
电子邮件/反馈形式(应用 A1、A2、A3)	×	×	×	×	×
电子邮件+草图和模拟工具+地图附件(应用 A4、A5)	×	×	×	×	√
电子邮件+空间决策支持系统(应用 A6)	×	×	×	×	×
地理参考相关的评论(应用 A7、A8、A9、A10)	×	√	×	×	×
在线论坛+地理参考相关的评论(应用 A11)	×	√	√	√	×

图 6-2　基于网络的 PPGIS 项目评估矩阵

　　关于 PPGIS 生态系统服务制图，Brown 等（2015）提出了识别最佳实践的三大评估准则，即数据质量、决策支持可用性和实现的可行性（见表 6-3）。仅以数据质量评价为例，最佳实践方式的评估就包括将制图结果与已存在的生态系统服务空间数据作比较、抽样质量（样本大小和代表性）、制图努力和数据可用性、设计 PPGIS/PGIS 过程等多种形式[89]。

表 6-3　　　　PPGIS/PGIS 项目中识别生态系统服务制图最佳实践的评估准则[89]

评估准则	评估最佳实践的方式	结论
数据质量	• 将制图结果与已存在的生态系统服务空间数据作比较 • 抽样质量（样本大小和代表性） • 制图努力和数据可用性 • 设计 PPGIS/PGIS 过程： 　■ 对参与者制图的期望值做出清晰的交流 　■ 生态系统服务制图的无偏筛选 　■ 生态系统服务制图对参与者知识与能力的适宜性	生态系统服务制图没有数据质量标准。抽样质量、制图努力、数据质量和制图过程设计可用来间接度量制图的数据质量。过程设计选项影响空间数据的质量和参与度，但仍需要更多证据来选择生态系统服务
决策支持可用性	• 对服务或属性制图清晰的操作定义 • 标准化以及结果与其他测量值的公度性 • 为平衡分析提供机会 • 土地利用决策过程在社会和制度环境下的协同	在实际的土地利用决策支持中没有生态系统服务数据生成地图
实现的可行性	• 成本效益 • 使多阶层的、相关的有时是不情愿的当事人参与的能力 • 遵循较好的参与实践经验	地理空间技术的进步使基于互联网的参与式制图技术更加可行，但是在确保数据质量方面遇到了更大的挑战。实际中可能遇到 PPGIS/PGIS 目标间的不匹配

　　综上所述，从评估的理念或角度来看，有管理或政治视角[44, 52-54]、经济视角[133]、技术视角[46, 49, 55, 56]、综合视角[51]等。从评估方法来看，定性的、定量的、社会科学的、自然科学的方法都有。有的对单一项目进行评价，有的建立评估矩阵或评估体系。

　　另外我们注意到许多学者都提到"授权（empowerment）"，授权给公众，特别是缺少话语权甚至没有话语权的弱势群体或边缘人群，GIS 为什么可以帮助我们更好地实现这一政治职能？ Sieber（2006）认为至少有以下几个原因：第一，政策制定过程中相当多的信息——无论是土地利用、城市规划、环境保护等，都与空间位置有关；第二，使地域范围内的所有相关利益者参与进来能更好地辅助决策；第三，我们可以对与政策相关的信息进行分析和可视化，最终输出的结果多以地图等方式呈现在公众面前，可以更好地传达政府、组织者或相关当事人的理念和关切，使人更加信服。第四，不同来源的海量空间数据（地图、航空影像、测量数据、统计数据等）需要统一管理。最后，技术进步使计算机硬软件的成本大幅降低[25]。所有这些，促使 GIS 自然而然地逐步走向公众，这种技术手段也让授权变得比以前更加容易。除了授权，合法性、透明度、实用性、可持续性等也是常见的关键词。

第7章 PPGIS 的未来：挑战与趋势

7.1 PPGIS 的挑战——实践与伦理问题

只有当整个社会都依赖于某项新技术，而又几乎未留任何改变的空间时（而这种状况在短期内又无法改变时），人们才意识到开发和使用这项新技术所带来的诸多社会问题，这时人们就必须彻底了解新技术对环境和人类可能造成的影响，以便引导它更好地应用于实践，更好地为人类服务。PPGIS 可以看做是一种基于 Web 的空间决策与技术支持系统，它提供了一种低成本的、使公众能随时随地获取数据和信息的途径，同时也增强了公众的参与意识，鼓励民众对公共的重大决策做出反馈。然而，它也存在一些实践和伦理方面的问题，这无疑是对 PPGIS 应用和发展的挑战[5]。

7.1.1 影响了社区生活

现在已有不少人开始关注现代化的电子通信技术是否将取代人与人之间面对面地接触，在一些关于信息技术与社会的研讨上，有的学者就提出"随着塞博(Cyber)空间在娱乐和社会方面的应用不断增加，人们更愿意长时间地相互隔绝"。利用了最先进的信息和通信技术的 PPGIS，也无法回避这样一个问题。毫无疑问，现代的信息技术，尤其是网络和通信技术，突破了传统的交流和沟通方式对时间和空间的限制，给人们的工作和生活带来了极大的便利，如网络聊天、网上论坛、视频会议、E-mail 等。但同时也应该看到，当人们越来越多地享用这样的便利时，人与人之间面对面接触的机会变得越来越少了，人们越来越习惯于在一个虚拟的空间中与对方进行沟通。这种状况可能会使社区居民和邻里之间变得更加陌生，同时也增加了他们之间的不信任感[5]。

7.1.2 信息边缘化

PPGIS 要想真正地走向实用化，就要面向基层，其中社区网络是最基础的。那么社区网络的出现会拉大"富人"和"穷人"的距离吗？人们会有一些担心，那些有机会、有能力接触社区网络的人将更多地利用它方便自己的生活，没有机会、没有能力接触的人与信息技术的距离将越来越远，两者之间形成明显的"鸿沟"。这样的结果是产生两极分化，一些弱势群体(文盲、广大农民、残疾人、老人等)将被边缘化。面对 PPGIS 有可能产生信息底层人群的现实，必须想办法来着重解决这一问题。

在这方面，美国于 1996 年就通过了电信法，它要求为公民提供新技术不得有任何歧视。根据这一法律，新技术必须向全社会普及并且使每个人都负担得起。电信法特别适用于农村和高消费地区。该法规定，每个地区的消费者都负担得起使用这项新技术。然而在中国，通过立法和一些制度上的改革措施来解决此类问题，至少从短期看难以实现(尚需时日)。但是，仍然有许多有意义的工作值得我们去做。比如可以在单位、学校、图书馆、社区活动中心或者街道边设置 PPGIS 服务亭，让公众可以直接使用，并参与到公共事务的决策中来。当然，这些服务设施对公众应当是免费开放的。随着网络成本、计算机硬软件价格的不断降低，PPGIS 将得到更大的普及，为广大的民众所接受。在实际应用中，可以先在城市推广，在城市全面推开后，再一步步扩展到农村[5]。社区网络的设计者解决这一问题的思路是积极建立"不隔离社区居民"的系统[230]。

7.1.3　公共信息获取和隐私

负责任的政府和参与式民主的基本理念之一是任何人都可以获取政府拥有的公共信息，由于信息技术的迅速发展，信息管理的性质也在发生变化，对如何获取政府拥有的公共信息提出了新的复杂的挑战。政府机关应认识到他们是信息的保管者，而不是信息的所有者，并千方百计地设计 GIS 应用程序，增强公众获取信息的能力。同时政府机关必须确保所有的人都可以使用新的技术(像互联网上的公众参与 GIS 应用程序或在社区数据中心)获取信息，不得有任何歧视[5]。

一方面，公众希望政府尽可能地将决策透明化，想得到更多更丰富的公共信息，但同时也担心政府会不负责任地公开个人信息，甚至未经个人允许，私人信息就轻易地为他人所利用；另一方面，政府要将公众需要的信息公开化，但又担心涉及保密的信息外泄(比如某交通规划需要向公众展示一幅大比例尺地形图，这些地图可能涉及保密问题)。在美国，前者将更受关注，即公众的隐私权问题更受重视。特别是 GIS 技术出现以后，这种关注变得更加强烈，因为人们可以通过系统中的地理空间编码，将街道名称和地址与地理坐标关联起来，并通过内部查询找出美国城市中任何一家的家庭住址[5, 231]。

美国分别于 1996 年和 1974 年通过了电子信息自由法和隐私权法。电子信息自由法规定，联邦政府机构采用电子格式和电子的方式传播信息，政府掌控的信息要对公众开放；隐私权法规定，信息的公开不应该影响公民的隐私权。隐私法主要保证的权利有：查阅和复印关于自己记录的权利(除豁免的隐私权外)；如果记录不准确或与己无关，享有改正自己记录的权利；有权控告政府违反规定，包括允许别人看某人的记录，除非隐私权法特别准许；要求公共机构提供安全保障，防止滥用个人信息。事实上，有些方式能创建 GIS 系统且不侵犯个人隐私。如果不通过地理空间编码创建 GIS，这些 GIS 系统就可以不侵犯个人隐私，而且这些系统很难与其他系统结合，进而一定程度上保护了个人隐私。如果地理学家严肃对待隐私问题的话，应该严肃地对待他们的工作，特别是需要认真想一想在可能需要地理空间编码的地方应该怎么做。最后要强调的是，每一个实体都被编码的世界将是一个充满虚拟个体和虚拟家庭的世界，也是一个人们不能控制的世界，还将是一个没有隐私而言的世界[5, 231]。

7.1.4　轻视规划决策

基于 Web 的 PPGIS 的另一个缺点是它潜在的公众可能轻视决策过程的现象。某些参与者态度不认真, 当政府为某项决策而收集当地的一些信息时, 他们提供虚假的情报; 当政府征求公众对一项决策的意见时, 他们也会给决策者一些错误的信息反馈。这些反馈可能导致公众的真实观点被隐瞒。如果这种人所占的比例极小, 那么他们的意见可以完全不必理会, 然而当他们占到一定比例甚至可以最终影响决策的方向时, 这是必须认真对待的一个问题。因此政府与公众之间的信任与合作是 PPGIS 能否成功应用的关键因素之一[5]。

7.1.5 公众范围界定的模糊性

在"哪些公众可以参与"这个问题上, 如果政府具有最终的发言权, 它可以选择受某个决策影响的那些公众对该决策做出反馈。表面上看这样的举措针对性更强, 节省了政府和公众参与决策过程的时间, 提高了工作效率, 有利于问题的解决, 但是它仍有可能产生一些其他的问题[5]。

第一种情况, 政府千方百计地、尽可能准确地划定参与的公众范围, 但是实际上真正受决策影响的公众范围不容易界定。原因可能是: ①每个地方政府在选择"公众"时, 是以它的视角、它对潜在的受影响公众的理解和分析为依据的, 这种自上而下的单向选择过程忽视了公众自身对决策问题的理解, 没有充分地体现"公共参与 (PP-Public Participation)"的精神。②政府可能只考虑它所管辖的区域内的公民, 对于很多决策来说这样做无可厚非, 但有时候也不尽然。有的规划项目影响的可能不只是一个地理区域, 比如某地方政府责令将污染严重的企业搬迁至城市郊区, 位于城市的下风方向, 这样工厂排出的浓烟不会被风吹到市内, 可是这样做最遭殃的也许是相邻城市的郊区的居民。③公众参与规划与决策是一个动态的过程。不同阶段的内容和任务不同, 受影响的公众的范围也在变化, 注意到这种变化并采取措施解决并不是一件容易的事情。比如三峡工程, 在开始的移民阶段, 要更多地考虑淹没区以及周边地区的居民; 在项目竣工后的监督运行阶段, 就要考虑三峡电站发电能辐射到的区域内的群众。当然, 因为范围广, 可以选择不同阶层的代表人物。第二种情况, 如果某些政府或职能部门的领导单纯为了政绩搞面子工程, 想要推行一项新政策, 那么他会尽可能地选择那些对他的决策投赞成票的所谓的"受政策影响"的公众, 以确保最终方案的实施。这种强加了政府或领导个人意志的决策, 将失去公平性, 更无科学性可言, 最终受害的是普通老百姓。这将极大地影响政府在公民中的形象, 增加公众对政府的不信任感[5]。

7.1.6 公众的思维偏好和冲突

即使 7.1.5 中所述的问题已经得到解决, 另一个问题又出现了。选出的"公众"虽然更有针对性了, 但公众的层次复杂多样。例如在一个公共政策的决策过程中, 政府、普通民众和专家等各类参与者, 他们掌握的信息是不对称的。有些参与者素质高, 分析、比较、计算的工具好, 拥有较多的科学知识。不同人的差异就造就了科学信息的不对称性。有的参与者由于对当地的发展情况、地理特征等有更多的了解, 因此具有时空知识上的优势, 也形成时空信息的不对称性。这些不对称性会导致在决策过程中各参与者考虑问题的出发点和侧重点不同, 很有可能会导致决策方案繁杂, 意见不能统一, 决策时间冗长, 最终决策方案难以决定等问题。因此，最终决策方案的生成也是一个很重要的过程。决策方案的汇总、选优、评价、修改方案的冲突解决机制以及不同人物的决策权重等都是在公众参与决策过程中需要重点考虑的问题[5]。

7.1.7　社会的不稳定

公众广泛参与公共政策可能会造成社会的不稳定，尤其当参与的渠道不规范或不畅通时更可能如此。印度政治学家塔卢克·辛格和 K.S. 潘迪提出，公众政治参与要解决的问题有三：一是获得公众对现代化的支持；二是使公众分享现代化的利益；三是使公众参与政策的制定[232]。然而，正如亨廷顿所说，公众参与既是一个过程，又是一种结果。

在社会转型过程中，当现存体制没有能力实现自我更新的时候，它就成为现代化过程中的障碍，在这种情况下，公众参与必然采取某种非体制的方式，如暴动或骚乱，这种非体制参与，无论成功与否都是现代化过程中的挫折。在利益主体多元化的市场经济下，公众参与公共政策更多的是为自己的利益考虑，但政策配套措施的不完善和竞争机制的不健全可能无法满足公众的利益要求。譬如在社会处于贫富分化的阶段，公众心里会出现某种程度的不平衡和不公平感，他们要求减少或消除贫富悬殊现象。一旦政策主体无视或无法满足公众需求时，他们也许会由政策的支持者转变为政策的反对者。政策参与对社会的负面影响一是由于公众参与愿望的急剧扩大而缺乏制度化表达方式，二是由于政治体系能力的缺陷。随着政治现代化的推行，公民的主体意识不断增强，其要求参与政策过程的呼声也愈来愈高。但是如果现行体制无法满足公众的需求，可能导致公众不满以及对政府的不信任。另一方面，由于现存政治体系的整合能力有限，政府经济实力不强，导致政府无法应付这种挑战。阿尔蒙德就曾指出政治不稳定产生于"政治体系的能力和社会需求的脱节"[233]。公众参与是一把双刃剑，制度化的参与有助于增强政府的整合能力，而非制度化参与极易造成社会的不稳定[5]。

7.1.8　小结

PPGIS 给决策者和公众提供了一个自由交换决策信息的平台，但同时它也面临着如上所述的实践和伦理中的诸多挑战，这也许并不是我们愿意看到的，然而却是我们无法回避并且需要认真思索和对待的。但是有一点我们必须坚信，所提到的这些挑战并不会阻挡PPGIS 前进和发展的步伐。随着民主化进程的不断加快，公民民主意识的增强和 PPGIS 相关技术的不断进步，这些问题将逐步得到解决[5]。

7.2　PPGIS 的发展趋势

GIS 是一个新兴的交叉边缘学科，现代信息技术和社会民主是推动 PPGIS 向前发展的强大动力，PPGIS 的普及和应用将极大地提升社会民主，增强公共决策的科学性，提高人们的生活质量以及推动社会的进步和可持续发展。虽然 PPGIS 面临众多挑战，但有困难的地方，可能就代表着机遇。PPGIS 未来的发展趋势可概括为（但不限于）：

①PPGIS 的基础理论问题还需要进一步地探讨。比如 PPGIS 与社会的关系，PPGIS 与

民主化，PPGIS 与政府公共事务管理，PPGIS 的定义、内涵、特征，PPGIS 与其他 GIS 分支的关系，公众参与理论等。

②提升公众参与度。根据 Brown 等人参考相关研究作出的估计，基于网络、随机抽样的 PPGIS 项目参与率平均为 13% 左右，而基于传统纸质地图的参与率为 15% ~ 47%[134]。一般情况下，纸质地图公众参与度比网络方式更高。PPGIS 的总体参与度较低，这可能有多方面的原因，比如组织者没有很好地与公众沟通，使公众无法充分理解项目要达成的目标以及与自身利益的关系；公众抽样的样本量不足；参与形式和过程包括技术实现等较为复杂，公众需要花费大量精力投入才能完成等。对于 PPGIS 的组织者来说，解决上述问题最根本的是要明确目标群体的范围并深入了解公众的 GIS 技能状况、相关利益诉求、职业结构、年龄结构等，加强与参与公众的有效沟通，以便设计出更好的参与方案，提高参与水平。

③提高空间数据的质量。特别是公众参与收集数据(比如 VGI)、处理数据环节时，实现方一定要做好质量控制，规定好数据的基本格式、内容、处理的方法、成果要求等，力求明确、具体、公众易于理解和实现，并设计数据质量检查的流程和算法，保障多源数据在空间、属性特征的统一性、完整性。

④扩展 PPGIS 的应用领域。虽然 PPGIS 已经在多个领域得到了广泛应用，但主要限于规划领域，在生态环境保护、公共健康、公共安全、公共突发事件等领域仍有较大的应用空间。

⑤进一步研究在我国的政治社会背景下公众参与决策和公共事务的可行性和运行机制，建立适合我国国情的 PPGIS 应用系统，技术问题并不难，困难的是公众如何筛选、如何保证参与的深度和广度、成果的共享、从管理型政府到服务型政府角色转换等问题。

⑥探索如何将 PPGIS 从城市普及到农村的新思路。虽然国外已有不少先例，但在国内这样的应用少之又少。我国目前正在经历史无前例的城市化进程，上亿的农民要真正成为城市居民。但在相当长的时间内，广大农村地区仍有至少几亿的农民，我们不能不重视这么庞大的公众群体。在应用中，首当其冲的便是农民的土地使用问题。

⑦新技术如何有针对性地应用，这里有两种极端情况。针对以年轻人为主的项目，由于他们学习和接受新鲜事物的能力较强，所以要紧跟信息技术发展的潮流，比如利用移动互联网，开发相关 App 应用，借助 Facebook、twitter、微信、微博等加强沟通交流，使用云技术进行数据存储、编辑和输出等；以老年人、原住民为主的项目，则必须使 GIS 落地，设计他们能够理解和接受的方式，尽量减少他们人工输入，甚至不需要标准的地图，示意图、照片等都可以作为输入输出的载体，以他们能够适应的方式进行。

⑧研究定量化、综合性、可行性更好的 PPGIS 评价/评估方法。目前的评价方法更多偏向于定性评价，由定性向定量、由单一评价向综合性评价、由偏理论性向可执行性评价转变是未来的发展趋势。

⑨将 PPGIS 作为一种方法论。在涉及公共政策的问题时，特别是有空间数据输入时，我们可以尝试将 PPGIS 作为一种备选方案甚至常规手段，辅助解决相关社会问题。

7.3　总结

公众参与式地理信息系统(PPGIS)是近年地理信息科学研究的热点之一。目前国内对于 PPGIS 的理论研究还刚刚开始，在实践上，一方面 GIS 在城市规划等公共领域的应用已经比较普遍了，另一方面有些城市在鼓励公众参与公共决策方面进行了有益的尝试，效果还是比较明显的。但是如何将公众参与和 GIS 相结合并应用于公共决策领域，这是摆在我们面前的新课题。PPGIS 已逐渐被视为是贯彻公共参与的有效工具，不能只视其为一个技术系统，更重要的是其过程，而过程的重点就在于参与。PPGIS 是事件导向系统，所以无论系统功能设计或是数据库准备，都必须根据应用领域或公众的实际情况来进行，所以不可能存在一套 PPGIS 通用系统，用于各种不同领域。它与传统 GIS 的最大区别在于传统 GIS 仅为少数人或专家所使用，而 PPGIS 是普通民众都可以使用的系统，其过程与结果同等重要。

本书以美国商务部资助的一个 PPGIS 应用项目——WebPolis(一个在线社区决策支持系统)的开发和组织实施为核心，探讨了 PPGIS 的相关理论问题，建立了 PPGIS 的理论框架，总结其相关技术，并讨论 Web 和 GIS 在 WebPolis 中的角色以及如何辅助公众参与社区的规划，同时指出 PPGIS 在实践和伦理方面遇到的挑战以及未来的发展趋势。

本书的主要内容总结如下：

①对 PPGIS 的发展历程、PPGIS 的相关概念(公众、参与、公众参与、PPGIS 与 GIS 的关系等)做了详尽的阐述，并提出将 PPGIS 作为一种科学的理念，它是自然科学和社会科学的交叉和融合，在此基础上，构建了 PPGIS 的理论框架。

②对于 PPGIS 相关的各种信息技术加以全面总结，提出了 PPGIS 的技术体系，对起支撑作用的关键技术做了全面的分析和概括。

③在介绍 PPGIS 的组织与实施方法时，分析了传统组织方法的不足，提出了基于网络的异步组织化参与的思想，同时列举了五种组织化参与方法以及相应的比较标准，对不同方法的特点进行了分析和总结。

④对 PPGIS 应用的现状做了总结，并重点阐述了笔者参与的一个实用化的 PPGIS 应用系统——WebPolis 从设计到实现的全过程。WebPolis 有三项创新：一是知识库存储了基于共享成功的专业决策过程的知识和信息，它提高了社区决策的可执行性；二是共识构建程序组件是一个决策的逻辑引导过程，它使当地官员选定的参与者能够就特定问题的几种方案进行讨论和投票；三是决策支持工具箱提供了土地利用模型、交通模型、经济模型和环境影响模型等来发现数据中隐含的信息。

⑤简述了目前 PPGIS 项目评估基本方法，从评估的理念或角度看，有管理或政治视角、经济视角、技术视角、综合视角等。从评估方法看，定性的、定量的、社会科学、自然科学的方法都有。有对单一项目的评价，有的建立评估矩阵或评估体系。

⑥总结了 PPGIS 可能遇到的挑战以及未来发展的方向。面临的挑战包括影响了社区生活、信息边缘化、公共信息获取和隐私、轻视规划决策、公众范围界定的模糊性、公众的思维偏好和冲突、社会的不稳定等，这些挑战随着 PPGIS 的不断发展将会逐步得到解

决。未来的发展趋势其关注的重点仍然是 PP(公众参与)，通过各种手段不断提高公众参与的数量和质量。虽然 GIS 相关技术也很重要，但这些技术最终还是要以公众易于理解和实现的方式来辅助规划、资源环境管理、生态环境保护、公共事务管理决策等。

参 考 文 献

［1］Sheppard E. GIS and Society：Towards a Research Agenda［J］. Cartography & Geographic Information Systems，1995,22（1）:5-16.

［2］Curry M R. Rethinking Rights and Responsibilities in Geographic Information Systems：Beyond the Power of the Image［J］. Cartography & Geographic Information Science，1995,22（1）:58-69.

［3］UCGIS. Research Priorities for Geographic Information Science［J］. Cartography and Geographic Information Systems，1996,23（3）:115-127.

［4］Harris T，Weiner D. GIS and Society：The Social Implications of How People，Space，and Environment Are Represented in GIS-Scientific Report for the Initiative 19 Specialist Meeting（96-7）［C］. Ncgia Technical Reports，1996.

［5］李如仁. 公众参与式地理信息系统的理论与实践［D］. 阜新：辽宁工程技术大学，2007.

［6］黄杏元，马劲松. 地理信息系统概论［M］（第3版）. 北京：高等教育出版社，2008.

［7］周江评，孙明洁. 城市规划和发展决策中的公众参与——西方有关文献及启示［J］. 国际城市规划，2005,20（4）:41-48.

［8］Arnstein S R. A Ladder of Citizen Participation［J］. Journal of the American Institute of Planners，1969,35（4）:216-224.

［9］Offe C. New Social Movements：Challenging the Boundaries of Institutional Politics［J］. Social Research，1985,52（4）:817-868.

［10］Boggs C. Social movements and political power：Emerging forms of radicalism in the west［M］. Philadelphia：Temple University Press，1989.

［11］孙施文，殷悦. 西方城市规划中公众参与的理论基础及其发展［J］. 国际城市规划，2004,19（1）:15-20.

［12］Kitschelt H. New social movements in West Germany and the United States［J］. Political Power and Social Theory，1985,5:273-324.

［13］Willeke G E. Identification of publics in water resources planning［J］. Rep Water Resour Res Inst Univ N C，1974.

［14］Sewell W D，Coppock J T. Public participation in planning［M］. Hoboken，New Jersey：John Wiley & Sons，1977.

［15］Weiner D，Harris T M，Craig W J. Community participation and geographic information systems［M］//Community participation and geographic information systems. London：Taylor & Francis，2002:2-16.

［16］阮红利. 公众参与式 GIS 的理论研究及其在城市规划中的应用［D］. 福州：福州大学，2004.

［17］Pickles J. Ground truth：The social implications of geographic information systems［M］. New York：Guilford Press，1994.

［18］Obermeyer N J. The Evolution of Public Participation GIS［J］. Cartography & Geographic Information Systems，1998，25（2）：65-66.

［19］何宗宜，刘政荣. 公众参与地理信息系统在我国的发展初探［J］. 测绘通报，2006（08）：33-37.

［20］宋关福，钟耳顺，王尔琪. WebGIS—基于 Internet 的地理信息系统［J］. 中国图象图形学报，1998（3）：251-254.

［21］NCGIA. NCGIA Research Initiatives［EB/OL］.［2016-06-01］. http://www.ncgia.ucsb.edu/research/initiatives.html.

［22］Goodchild M F，Egenhofer M J，Kemp K K，et al. Introduction to the Varenius project［J］. International Journal of Geographical Information Science，1999，13（8）：731-745.

［23］李德仁，龚健雅，邵振峰. 从数字地球到智慧地球［J］. 武汉大学学报（信息科学版），2010，7（2）：127-132.

［24］林俊强，张长义，蔡博文，等. 运用公众参与地理资讯系统于原住民族传统领域之研究［J］. 地理学报，2005（41）：68-82.

［25］Sieber R. Public participation geographic information systems：A literature review and framework［J］. Annals of the Association of American Geographers，2006，96（3）：491-507.

［26］张峰，徐建刚. GIS 在城市规划公众参与中的应用初探［J］. 城市规划，2002，26（8）：65-68.

［27］Al-Kodmany K. Public Participation：Technology and Democracy［J］. Journal of Architectural Education，2006，53（4）：220-228.

［28］Dunn C E. Participatory GIS—a people's GIS？［J］. Progress in Human Geography，2007，31（5）：616-637.

［29］刘政荣. PPGIS 及其在加拿大安大略省核废料处理选址项目中的应用［J］. 武汉大学学报（信息科学版），2005（1）：82-85.

［30］Craig W J，Harris T M，Weiner D. Community Participation and Geographical Information Systems［M］. London：Taylor & Francis，2002.

［31］王全，张峰，刘根发，等. 公众参与地理信息系统与城市规划民主进程［J］. 上海城市规划，2010（1）：9-12.

［32］Goodchild M F. Citizens as sensors：the world of volunteered geography［J］. GeoJournal，2007，69（4）：211-221.

［33］Ramasubramanian L. Geographic information science and public participation［M］. Berlin：Springer-Verlag Berlin Heidelberg，2010.

［34］Langton S. Citizen participation in America：essays on the state of the art［M］. Lexington，Massachusetts：Lexington books，1978.

[35]Day D. Citizen Participation in the Planning Process: An Essentially Contested Concept? [J]. Journal of Planning Literature, 1997,11(3):421-434.

[36]Thomas J C. Public participation in public decisions: New skills and strategies for public managers[M]. Jossey-Bass, 1995.

[37]Wiedemann P M, Femers S. Public participation in waste management decision making: Analysis and management of conflicts[J]. Journal of Hazardous Materials, 1993,33(3): 355-368.

[38]Dorcey A, Doney L, Rueggeberg H. Public involvement in government decision-making: choosing the right model: a Report of the BC Round Table on the Environment and the Economy[M]. Round Table, 1994.

[39]Connor D M. A new ladder of citizen participation[J]. National Civic Review, 1988,77 (3):249-257.

[40]Schlossberg M, Shuford E. Delineating "public" and "participation" in PPGIS[J]. URISA Journal, 2005,16(2):15-26.

[41]Harris T, Weiner D. Empowerment, marginalization, and "community-integrated" GIS[J]. Cartography and Geographic Information Systems, 1998,25(2):67-76.

[42]Craig W, Harris T, Weiner D. Empowerment, Marginalization and Public Participation GIS-Report of Varenius Workshop: Varenius Workshop, October 15-17, 1998.[C]1998.

[43]McCall M K, Dunn C E. Geo-information tools for participatory spatial planning: Fulfilling the criteria for "good" governance? [J]. Geoforum, 2012,43(1):81-94.

[44]McCall M K. Seeking good governance in participatory-GIS: a review of processes and governance dimensions in applying GIS to participatory spatial planning [J]. Habitat International, 2003,27(4):549-573.

[45]Tang Z, Liu T. Evaluating Internet-based public participation GIS (PPGIS) and volunteered geographic information (VGI) in environmental planning and management[J]. Journal of Environmental Planning and Management, 2015:1-18.

[46]Brown G, Kelly M, Whitall D. Which "public"? Sampling effects in public participation GIS (PPGIS) and volunteered geographic information (VGI) systems for public lands management[J]. Journal of Environmental Planning and Management, 2014, 57(2): 190-214.

[47]Lin W. When Web 2.0 Meets Public Participation GIS (PPGIS): VGI and Spaces of Participatory Mapping in China[M]//Sui D, Elwood S, Goodchild M. Crowdsourcing Geographic Knowledge: Volunteered Geographic Information (VGI) in Theory and Practice. Dordrecht: Springer Netherlands, 2013:83-104.

[48]Sui D, Elwood S, Goodchild M. Crowdsourcing Geographic Knowledge: Volunteered Geographic Information (VGI) in Theory and Practice [M]. Dordrecht: Springer Netherlands, 2013.

[49]Brown G. A Review of Sampling Effects and Response Bias in Internet Participatory Mapping

(PPGIS/PGIS/VGI)[J]. Transactions in GIS, 2016.

[50]Barndt M. A model for evaluating public participation GIS[M]//Community Participation and Geographical Information Systems. London: Taylor & Francis, 2002:346-356.

[51]Jordan G. GIS for community forestry user groups in Nepal: putting people before the technology[M]//Community Participation and Geographical Information Systems. London: Taylor & Francis, 2002:232-245.

[52]Drew C H. Transparency—Considerations for PPGIS research and development[J]. URISA Journal, 2003,15(1):73-78.

[53]Mc Call M K, Minang P A. Assessing participatory GIS for community-based natural resource management: claiming community forests in Cameroon[J]. The Geographical Journal, 2005,171(4):340-356.

[54]Zhao J, Coleman D J. GeoDF:Towards a SDI-based PPGIS application for E-Governance: GSDI-9 Conference Proceedings, 2006[C]. Citeseer, 2006.

[55]Brown G, Weber D, de Bie K. Is PPGIS good enough? An empirical evaluation of the quality of PPGIS crowd-sourced spatial data for conservation planning[J]. Land Use Policy, 2015,43(43):228-238.

[56]Brown G. An empirical evaluation of the spatial accuracy of public participation GIS (PPGIS) data[J]. Applied Geography, 2012,34(34):289-294.

[57]Tulloch D. What PPGIS really needs is[C]. Proceedings of the Second Annual Public Participation GIS, 2003.

[58]Tulloch D. Public Participation GIS (PPGIS)[M]//Kemp K K. Encyclopedia of Geographic Information Science. SAGE Publications, Inc., 2008:352-355.

[59]Sieber R E. A PPGIScience? [J]. Cartographica: The International Journal for Geographic Information and Geovisualization, 2001,38(3-4):1-4.

[60]Al-Kodmany K. Using visualization techniques for enhancing public participation in planning and design: process, implementation, and evaluation[J]. Landscape and Urban Planning, 1999,45(1):37-45.

[61]Talen E. Bottom-up GIS: A new tool for individual and group expression in participatory planning[J]. Journal of the American Planning Association, 2000,66(3):279-294.

[62]Ball J. Towards a methodology for mapping "regions for sustainability" using PPGIS[J]. Progress in Planning, 2002,58(2):81-140.

[63]Jankowski P, Nyerges T. Toward a Framework for Research on Geographic Information-Supported Participatory Decision-Making[J]. URISA Journal, 2003,15(1):9-17.

[64]Haklay M, Tob On C. Usability evaluation and PPGIS: towards a user-centred design approach[J]. International Journal of Geographical Information Science, 2003, 17(6): 577-592.

[65]Rambaldi G, Kyem P A K, McCall M, et al. Participatory spatial information management and communication in developing countries[J]. EJISDC: The Electronic Journal on

Information Systems in Developing Countries, 2006,25(1):1-9.

[66] Peng Z. Internet GIS for public participation[J]. Environment and Planning B: Planning and Design, 2001,28(6):889-905.

[67] Kingston R. Public participation in local policy decision-making: the role of web-based mapping[J]. The Cartographic Journal, 2007,44(2):138-144.

[68] Rouse L J, Bergeron S J, Harris T M. Participating in the geospatial web: collaborative mapping, social networks and participatory GIS [M]//The Geospatial WebHow Geobrowsers, Social Software and the Web 2.0 are Shaping the Network Society. London: Springer, 2007:153-158.

[69] Bugs G, Granell C, Fonts O, et al. An assessment of Public Participation GIS and Web 2.0 technologies in urban planning practice in Canela, Brazil[J]. Cities, 2010, 27(3): 172-181.

[70] Pocewicz A, Nielsen-Pincus M, Brown G, et al. An Evaluation of Internet Versus Paper-based Methods for Public Participation Geographic Information Systems (PPGIS)[J]. Transactions in GIS, 2012,16(1):39-53.

[71] Mekonnen A D, Gorsevski P V. A web-based participatory GIS (PGIS) for offshore wind farm suitability within Lake Erie, Ohio[J]. Renewable and Sustainable Energy Reviews, 2015(41):162-177.

[72] Brown G, Donovan S, Pullar D, et al. An empirical evaluation of workshop versus survey PPGIS methods[J]. Applied Geography, 2014,48:42-51.

[73] Brown G, Weber D, de Bie K. Assessing the value of public lands using public participation GIS (PPGIS) and social landscape metrics[J]. Applied Geography, 2014,53:77-89.

[74] Brown G G, Reed P. Social landscape metrics: Measures for understanding place values from public participation geographic information systems (PPGIS)[J]. Landscape Research, 2012,37(1):73-90.

[75] Brown G, Weber D. Public Participation GIS: A new method for national park planning[J]. Landscape and Urban Planning, 2011,102(1):1-15.

[76] Craig W J, Elwood S A. How and Why Community Groups Use Maps and Geographic Information[J]. Cartography & Geographic Information Science, 1998,25(2):95-104.

[77] Brown G, Weber D. Measuring change in place values using public participation GIS (PPGIS)[J]. Applied Geography, 2012,34:316-324.

[78] Weiner D, Harris T. Community-Integrated GIS for Land Reform in South Africa[J]. URISA Journal, 2003,15(2).

[79] Harris T M, Weiner D. Implementing a community-integrated GIS: perspectives from South African fieldwork[M]//Community Participation and Geographical Information Systems. London: Taylor & Francis, 2002:246-258.

[80] Weiner D, Warner T A, Harris T M, et al. Apartheid Representations in a Digital Landscape: GIS, Remote Sensing and Local Knowledge in Kiepersol, South Africa[J].

Cartography & Geographic Information Science, 1995,22(1):30-44.

[81] Kingston R, Carver S, Evans A, et al. Web-based public participation geographical information systems: an aid to local environmental decision-making [J]. Computers, Environment and Urban Systems, 2000,24(2):109-125.

[82] Wiedemann P M, Femers S. Public participation in waste management decision making: Analysis and management of conflicts[J]. Journal of Hazardous Materials, 1993,33(3): 355-368.

[83] Kwaku Kyem P A. Of intractable conflicts and participatory GIS applications: The search for consensus amidst competing claims and institutional demands[J]. Annals of the Association of American Geographers, 2004,94(1):37-57.

[84] Macnab P. There must be a catch: participatory GIS in a Newfoundland fishing community [M]//Community Participation and Geographical Information Systems. London: Taylor & Francis, 2002:173-191.

[85] Stonich S C. Information technologies, PPGIS, and advocacy: Globalization of resistance to industrial shrimp farming [M]//Community Participation and Geographical Information Systems. 2002:259-269.

[86] Green D R. The role of Public Participatory Geographical Information Systems (PPGIS) in coastal decision-making processes: An example from Scotland, UK[J]. Ocean & Coastal Management, 2010,53(12):816-821.

[87] Stewart E J, Jacobson D, Draper D. Public participation geographic information systems (PPGIS): challenges of implementation in Churchill, Manitoba [J]. The Canadian Geographer, 2008,52(3):351-366.

[88] Brown G, Weber D. Using public participation GIS (PPGIS) on the Geoweb to monitor tourism development preferences [J]. Journal of Sustainable Tourism, 2013, 21 (2): 192-211.

[89] Brown G, Fagerholm N. Empirical PPGIS/PGIS mapping of ecosystem services: A review and evaluation[J]. Ecosystem Services, 2015,13:119-133.

[90] Brown G, Schebella M F, Weber D. Using participatory GIS to measure physical activity and urban park benefits[J]. Landscape and Urban Planning, 2014,121(1):34-44.

[91] Cromley E K, McLafferty S L. Public Participation GIS and Community Health[M]//GIS and public health. Guilford Press, 2011.

[92] Johnson D P. Public Participation Geographic Information Systems as Surveillance Tools in Urban Health [M]//Geo-Spatial Technologies in Urban Environments: Policy, Practice, and Pixels. Springer Berlin Heidelberg, 2007:109-120.

[93] Duval-Diop D, Curtis A, Clark A. Enhancing equity with public participatory GIS in hurricane rebuilding: Faith based organizations, community mapping, and policy advocacy [J]. Community Development, 2010,41(1):32-49.

[94] Canevari-Luzardo L, Bastide J, Choutet I, et al. Using partial participatory GIS in

vulnerability and disaster risk reduction in Grenada[J]. Climate and Development, 2015：1-15.

[95]柳林, 李万武, 卢秀山, 等. 应用于 PPGIS 的一种图形参与技术[J]. 测绘科学技术学报, 2007(1):14-17.

[96]谭玉敏, 刘赛楠, 江建金. 面向 PPGIS 的空间信息服务模型研究[J]. 地球信息科学, 2008(5):599-603.

[97]杨潇, 张玉超. PPGIS 在我国环境规划公众参与中的应用初探[J]. 环境保护科学, 2009(2):117-120.

[98]吴微微. 基于.NET 的 WebGIS 中小城市防震减灾服务系统的设计与实现[D]. 北京:中国地震局地球物理研究所, 2009.

[99]王晓军, 宇振荣. 基于参与式地理信息系统的社区制图研究[J]. 陕西师范大学学报(自然科学版), 2010(2):95-98.

[100]曾兴国, 任福, 杜清运, 等. 公众参与式地图制图服务的设计与实现[J]. 武汉大学学报(信息科学版), 2013(8):950-953.

[101]匡吴楠. PPGIS 在规划环评中的应用[D]. 南京:南京大学, 2011.

[102]李晓燕, 姜广辉, 胡磊, 等. 基于 GIS 与虚拟现实的土地利用总体规划仿真展示平台设计[J]. 国土资源遥感, 2014(4):195-200.

[103]高方红, 侯志伟, 高星. 公众参与式地震灾情信息服务平台研究[J]. 地球信息科学学报, 2016(4):477-485.

[104]Sanoff H. Community participation methods in design and planning[M]. New York：John Wiley & Sons, 2000.

[105]Jackson L S. Contemporary Public Involvement：Toward a strategic approach[J]. Local Environment, 2001,6(6):135-147.

[106]Mitchell R K, Agle B R, Wood D J. Toward a Theory of Stakeholder Identification and Salience：Defining the Principle of Who and What Really Counts. Academy of Management Review[J]. Academy of Management Review, 1997,22(4):853-886.

[107]Aggens L. Identifying different levels of public interest in participation[J]. 1983.

[108]Creighton J L. Identifying publics/staff identification techniques[J]. Public Involvemention and Dispute, 1983:199.

[109]Rietbergen-McCracken J, Narayan-Parker D. Participation and social assessment：tools and techniques[M]. World Bank Publications, 1998.

[110]Carver S. The Future of Participatory Approaches Using Geographic Information：developing a research agenda for the 21st Century[J]. Urisa Journal, 2003,15(1):1-3.

[111]Tulloch D L, Shapiro T. The Intersection of Data Access and Public Participation：Impacting GIS Users' Success？ [J]. Urisa Journal, 2003,15:55-60.

[112]Smith S. Doing Qualitative Research：From Interpretation to Action[J]. Qualitative methodologies for geographers：Issues and debates, 2001:23-40.

[113]Leitner H, Mcmaster R B, Elwood S, et al. Models for making GIS available to community

organizations：dimensions of difference and appropriateness［M］//Community Participation and Geographical Information Systems. London：Taylor & Francis, 2002：37-52.

［114］Konisky D M, Beierle T C. Innovations in Public Participation and Environmental Decision Making：Examples from the Great Lakes Region［J］. Society & Natural Resources, 2001, 14(9)：815-826.

［115］Friedmann J. Planning in the public domain：From knowledge to action［M］. Princeton University Press, 1987.

［116］Walker D H, Leitch A M, De Lai R, et al. A community-based and collaborative GIS joint venture in rural Australia［M］//Community Participation and Geographical Information Systems. London：Taylor & Francis, 2002：137-152.

［117］Kyem P A K. Promoting local community participation in forest management through a PPGIS application in Southern Ghana［M］//Community Participation and Geographical Information Systems. London：Taylor & Francis, 2002.

［118］Sawicki D S, Peterman D R. Surveying the extent of PPGIS practice in the United States ［M］//Community Participation and Geographical Information Systems. London：Taylor & Francis, 2002：17-36.

［119］Hoffman M C. The ethics of public data dissemination：Finding the "Public" in public data ［C］. Proceedings of the Second Annual Conference on PPGIS, 21 – 23 July, Portland, OR, Park Ridge, IL：URISA, 2003.

［120］陈述彭等. 地理信息系统导论［M］. 北京：科学出版社, 1999.

［121］邬伦. 地理信息系统：原理、方法和应用［M］. 北京：科学出版社, 2001.

［122］Goodchild M F. Geographical information science［J］. International journal of geographical information systems, 1992,6(1)：31-45.

［123］王家耀. 地图制图学与地理信息工程学科发展趋势［J］. 测绘学报, 2010,39(2)：1-6.

［124］王家耀. 开创"互联网+测绘与地理信息科学技术"新时代［J］. 测绘科学技术学报, 2016,33(1).

［125］李德仁. 数字城市+物联网+云计算=智慧城市［J］. 中国测绘, 2011(6)：18-19.

［126］Brown G. Public Participation GIS (PPGIS) for regional and environmental planning：Reflections on a decade of empirical research ［J］. Journal of Urban and Regional Information Systems Association, 2012,25(2)：7-18.

［127］Carver S, Evans A, Kingston R, et al. Public participation, GIS, and cyberdemocracy：evaluating on-line spatial decision support systems［J］. Environment and planning B：planning and design, 2001,28(6)：907-921.

［128］Ghose R. Use of Information Technology for Community Empowerment：Transforming Geographic Information Systems into Community Information Systems［J］. Transactions in GIS, 2001, volume 5(5)：141-163.

［129］Elwood S A. GIS use in community planning：a multidimensional analysis of empowerment ［J］. Environment & Planning A, 2002,34(5)：905-922.

［130］Elwood S. Negotiating Knowledge Production：The Everyday Inclusions, Exclusions, and Contradictions of Participatory GIS Research［J］. The Professional Geographer, 2006,58 (2)：197-208.

［131］Elwood S. Volunteered geographic information：future research directions motivated by critical, participatory, and feminist GIS［J］. GeoJournal, 2008,72(3)：173-183.

［132］Tulloch D L, Epstein E. Benefits of Community MPLIS：Efficiency, Effectiveness, and Equity［J］. Transactions in Gis, 2002,6(2)：195-211.

［133］Brown G, Kyttä M. Key issues and research priorities for public participation GIS (PPGIS)：A synthesis based on empirical research［J］. Applied Geography, 2014,46：122-136.

［134］Sieber R E. Defining PPGIScience：Association of American Geographers 100th Annual Conference, Philadelphia, Pennsylvania, March 14-18., 2004［C］.

［135］Sieber R E. Public participation geographic information systems across borders［J］. Canadian Geographer, 2003,47(1)：50-61.

［136］Abbot J, Chambers R, Dunn C, et al. Participatory GIS：opportunity or oxymoron？［J］. PLA notes, 1998(33)：27-34.

［137］Rambaldi G, Weiner D. Summary proceedings of the "Track on International PPGIS Perspectives"［C］. 3rd International Conference on Public Participation GIS, University of Wisconsin-Madison, 18-20 July Madison, Wisconsin, USA, 2004［C］.

［138］NCGIA. Fundamental Research in Geographic Information and Analysis, NCGIA Technical Reports 1988-1997.［Z］. NCGIA, 1997.

［139］Elwood S, Schuurman N, Wilson M W. Critical GIS［M］//The SAGE Handbook of GIS and Society. SAGE Publications Ltd, 2011：87-106.

［140］张涵, 朱竑. 定性地理信息系统及其在人文地理学研究中的应用［J］. 世界地理研究, 2016(01)：125-136.

［141］Geertman S. Participatory planning and GIS：a PSS to bridge the gap［J］. Environment & Planning B Planning & Design, 2002,29(1)：21-35.

［142］Kyem P A K. Promoting local community participation in forest management through the application of a geographic information system：A PPGIS experience from southern Ghana：NCGIA Special Meeting：Empowerment, marginalization and public participation GIS［C］. Santa Barbara, CA, 1998.

［143］刘南, 刘仁义. Web GIS 原理及其应用［M］. 北京：科学出版社, 2002.

［144］王瑞琴. 基于 WebGIS 的 GPS 车辆监控调度系统的设计与实现［D］. 内蒙古大学, 2004.

［145］卓泳. Web GIS 技术剖析［J］. 微电脑世界, 1998(49)：54-55.

［146］宋关福. 组件式地理信息系统研究与开发［J］. 中国图象图形学报, 1998(4)：313-317.

［147］肖国强, 冯燕. 一个基于 Java/J2EE 的 WebGIS 的模型研究［J］. 计算机应用研究, 2003,20(5)：110-112.

[148] 吴信才. 地理信息系统原理与方法[M]. 北京：电子工业出版社, 2009.

[149] 乔彦友, 赵健. 分布式空间数据管理技术研究[J]. 中国图象图形学报, 2001, 6(9): 873-878.

[150] Armstrong M P, Densham P J, Rushton G. Architecture for a microcomputer based spatial decision support system: Second International Symposium on Spatial Data Handling[C]. Washington.

[151] Armstrong M P, Densham P J. Database organization strategies for spatial decision support systems[J]. International Journal of Geographical Information Systems, 1990, 4(1): 3-20.

[152] Densham P J. Spatial decision support systems[M]//Maguire D, Goodchild M, Rhind D. Geographical information systems: Principles and applications. New York: Wiley, 1991: 403-412.

[153] Longley P A, Goodchild M F, Maguire D J, et al. Geographical Information system, Volume 1, Princples and Technical Issues[M]. 唐中实等, 译. 北京：电子工业出版社, 2004.

[154] 郭殿升. 基于万维网的时空分布式协同空间决策(TSD-CSDM)系统研究[D]. 中国科学院地理研究所中国科学院地理科学与资源研究所, 1999.

[155] 刘纪平. 协同空间决策的现状与趋势[J]. 测绘科学, 2002, 27(4): 18-22.

[156] 刘纪平. 协同空间决策的概念、过程与特点研究[J]. 测绘科学技术学报, 2003, 20(1): 54-57.

[157] Faber B G. Extending Electron Meeting Systems for Collaborative Spatial Decision Making: Obstacles and Opportunities[C]. Santa Barbara, CA, 1995.

[158] Faber, Brenda, Wallace W, et al. Use of groupware-enabled gis for land resource allocation issues.: 6th International Symposium on System Analysis and Management Decisions in Forestry, Asilomar Conference Center[C]. Pacific Grove, CA, 1994.

[159] Group I S. Web services conceptual architecture: IBM Software Group, 2001.

[160] Kirtland M. A Platform for Web Services. 2001.

[161] 林绍福. 面向数字城市的空间信息 Web 服务互操作与共享平台[D]. 北京：北京大学, 2002.

[162] 刘晓艳, 林珲, 张宏. 虚拟城市建设原理与方法[M]. 北京：科学出版社, 2003.

[163] Burdea G. Virtual reality systems and applications: Electro' 93 international conference, Edison, New Jersey, 1993[C]. 1993.

[164] 龚建华, 林珲. 虚拟地理环境——在线虚拟现实的地理学透视[M]. 北京：高等教育出版社, 2001.

[165] 肖田元. 系统仿真导论[M]. 北京：清华大学出版社, 2000.

[166] Sadagopan G D. Web-Based Geographic Information Systems: Public Participation in Virtual Decision Making Environments[D]. Faculty of Virginia Polytechnic Institute and State University, 2000.

[167] 韩家炜. 数据挖掘：概念与技术(英文版·第 2 版)[M]. 北京：机械工业出版

社, 2006.

[168] 康俊锋, 徐盼盼, 刘小生. 基于天地图的自发式城市管理系统[J]. 江西理工大学学报, 2014(05):28-33.

[169] 刘钦, 董翔, 杨斌. 基于移动终端的 12322 地震灾情上报处理系统设计与实现[J]. 震灾防御技术, 2015(03):673-681.

[170] 工业和信息化部电信研究院. 移动互联网白皮书(2011 年)[R].2011.

[171] 工业和信息化部电信研究院. 移动互联网白皮书(2015 年)[R].2015.

[172] QuestMobile. 2015 年中国移动互联网研究报告[R].2015.

[173] 罗军舟, 吴文甲, 杨明. 移动互联网:终端、网络与服务[J]. 计算机学报, 2011,34(11):2029-2051.

[174] Webler T. The craft and theory of public participation: a dialectical process[J]. Journal of Risk Research, 1999,2(1):55-71.

[175] Delbecq, L. A, H. A, et al. Group techniques for program planning: A guide to nominal group and Delphi processes[Z]. 1975.

[176] Spencer L J. Winning through participation : meeting the challenge of corporate change with the Technology of participation [J]. Towards the Second Wave of Corporate Branding, 1989.

[177] L. R P, Schleifer L L, Switzer F S. Nominal group technique—an aid in implementing tqm [J]. The CPA Journal, 1995,65(5):68.

[178] Brahm C, Brian H K. Advantages and disadvantages of group decision-making approaches [J]. Team Performance Management: An International Journal, 1996,2(1):30-35.

[179] Turoff M, Hiltz S R, Turoff M. Computer based Delphi processes[J]. 1996.

[180] Dowling K L, Louis R D S. Asynchronous implementation of the nominal group technique: is it effective? [J]. Decision Support Systems, 2000,29(3):229-248.

[181] Axelrod R H. terms of engagement: changing the way we change organizations[J]. Journal for Quality & Participation, 2001,41(4):104-105.

[182] Andersen I E, Jaeger B. Danish Participatory Models Scenario Workshops and Consensus Conferences: Towards More Democratic Decision Making[J]. Science & Public Policy, 1999,26(5):331-340.

[183] Leitner H, Elwood S, Sheppard E, et al. Modes of GIS Provision and their Appropriateness for Neighborhood Organizations: Examples from Minneapolis and St. Paul, Minnesota[J]. URISA-WASHINGTON DC, 2000,12(4):45-60.

[184] Jankowski P, Nyerges T. Geographic Information Systems for Group Decision Making: Towards a participatory, geographic information science [J]. Journal of the American Planning Association, 2001,69(2):211-212.

[185] Nyerges T L, Couclelis H, McMaster R. The SAGE Handbook of GIS and Society[M]. London: SAGE Publications Ltd, 2011.

[186] Habermas J. What is universal pragmatics [J]. Communication and the Evolution of

Society, 1979,1:2-4.

[187]Gutmann A, Thompson D. What deliberative democracy means [M]//Thompson D, Gutmann A. Why Deliberative Democracy? Princeton University Press, 2004:1-63.

[188]Cunningham, Frank. Theories of Democracy: A Critical Introduction [M]. London: Routledge, 2002.

[189]Young I M. Difference as a Resource for Democratic Communication[M]//Bohman J, Rehg W. Deliberative Democracy: Essays on Reason and Politics. Massachusetts Institute of Technology, 1997:383-406.

[190]Young I M. Communication and the Other: Beyond Deliberative Democracy[J]. Democracy difference: Contesting boundaries of the political, 1996,31:120-135.

[191]Fraser N. Rethinking the Public Sphere: A Contribution to the Critique of Actually Existing Democracy[J]. Social Text, 1990,25/26(25/26):56-80.

[192]Casey L, Pederson T. Mapping Philadelphia's neighbourhoods [M]//Community Participation and Geographical Information Systems. London: Taylor & Francis, 2002: 65-76.

[193]Elwood S. The impacts of GIS use for neighbourhood revitalization in Minneapolis[M]// Community Participation and Geographical Information Systems. London: Taylor & Francis, 2002:77-88.

[194]Kingston R. Web-based PPGIS in the United Kingdom[M]//Community Participation and Geographical Information Systems. London: Taylor & Francis, 2002:101-112.

[195]Rinner C, Bird M. Evaluating community engagement through argumentation maps—a public participation GIS case study [J]. Environment and Planning B: Planning and Design, 2009,36(4):588-601.

[196]Tripathi N, Bhattarya S. Integrating indigenous knowledge and GIS for participatory natural resource management: state of the practice [J]. EJISDC: The Electronic Journal on Information Systems in Developing Countries, 2004,17(3):1-13.

[197]Bernard E, Barbosa L, Carvalho R. Participatory GIS in a sustainable use reserve in Brazilian Amazonia: Implications for management and conservation [J]. Applied Geography, 2011,31(2):564-572.

[198]Brown G, Donovan S. Measuring Change in Place Values for Environmental and Natural Resource Planning Using Public Participation GIS (PPGIS): Results and Challenges for Longitudinal Research[J]. Society & Natural Resources, 2014,27(1):36-54.

[199]彭劲松. PPGIS 技术在土地利用规划中的设计与应用[D]. 长沙:湖南农业大学, 2007.

[200]胡奥, 何贞铭, 沈体壮, 等. PPGIS 在国土空间规划中的应用研究[J]. 测绘与空间地理信息, 2015(5):77-79.

[201]Wolf I D, Wohlfart T, Brown G, et al. The use of public participation GIS (PPGIS) for park visitor management: A case study of mountain biking [J]. Tourism Management,

2015,51:112-130.

[202]Butt M A, Li S, Javed N. Towards Co-PPGIS—a collaborative public participatory GIS-based measure for transparency in housing schemes: a case of Lahore, Pakistan[J]. Applied Geomatics, 2015:1-14.

[203]徐璐. 公众参与地理信息系统的理论研究及其在房地产中的应用[D]. 武汉:武汉大学, 2010.

[204]Han S S, Peng Z. Public participation GIS (PPGIS) for town council management in Singapore[J]. Environment and Planning B:Planning and Design, 2003,30(1):89-111.

[205]Meredith T C, Yetman G G, Frias G. Mexican and Canadian case studies of community-based spatial information management for biodiversity conservation [M]//Community Participation and Geographical Information Systems. London: Taylor & Francis, 2002: 205-217.

[206]Levine A S, Feinholz C L. Participatory GIS to inform coral reef ecosystem management: Mapping human coastal and ocean uses in Hawaii[J]. Applied Geography, 2015,59: 60-69.

[207] Elwood S, Ghose R. PPGIS in community development planning: Framing the organizational context [J]. Cartographica: The International Journal for Geographic Information and Geovisualization, 2001,38(3):19-33.

[208]Schmidt-Thome K, Wallin S, Laatikainen T, et al. Exploring the use of PPGIS in self-organizing urban development: Case softGIS in Pacific Beach [J]. The Journal of Community Informatics, 2014,10(3).

[209]Baldwin K, Mahon R, McConney P. Participatory GIS for strengthening transboundary marine governance in SIDS: Natural Resources Forum, 2013 [C]. Wiley Online Library,2013.

[210]Baldwin K E, Mahon R. A Participatory GIS for marine spatial planning in the Grenadine Islands[J]. The Electronic Journal of Information Systems in Developing Countries, 2014 (63).

[211]Al-Wadaey A, Ziadat F. A participatory GIS approach to identify critical land degradation areas and prioritize soil conservation for mountainous olive groves (case study)[J]. Journal of Mountain Science, 2014,11(3):782-791.

[212]Everett M, Izumi B, Ellis S, et al. Working with Low-Income and Latino Farmers to Increase Access to Oregon's Local Food Markets using Community Based Participatory Research and Public Participation GIS [M]//The Applied Anthropology of Obesity: Prevention, Intervention, and Identity. Lexington Books, 2015.

[213]Laatikainen T, Tenkanen H, Kytt M, et al. Comparing conventional and PPGIS approaches in measuring equality of access to urban aquatic environments.[J]. Landscape and Urban Planning, 2015(144):22-33.

[214]Aggett G, McColl C. Evaluating Decision Support Systems for PPGIS Applications[J].

Cartography and Geographic Information Science, 2006,33(1):77-92.

[215]Merrick M. Reflections on PPGIS: A view from the trenches[J]. URISA Journal, 2003,15 (APA II):33-40.

[216]Renate Steinmann A K. Analysis of online public participatory GIS applications with respect to the differences between the US and Europe: 24th urban data management symposium, 2004[C].2004.

[217]Bosworth M, Donovan J, Couey P. Portland Metro's dream for public involvement[M]// Community Participation and Geographical Information Systems. London: Taylor & Francis, 2002:125-136.

[218]Laituri M. Ensuring access to GIS for marginal societies[M]//Community Participation and Geographical Information Systems. London: Taylor & Francis, 2002:270-282.

[219]Bond C. The Cherokee Nation and tribal uses of GIS [M]//Community Participation and Geographical Information Systems. London: Taylor & Francis, 2002:283-293.

[220]Wright D J, Duncan S L, Lach D. Social Power and GIS Technology: A Review and Assessment of Approaches for Natural Resource Management[J]. Annals of the Association of American Geographers, 2009,99(2):254-272.

[221]Duke-Williams O. Book Review: Community participation and geographic information systems[J]. Progress in Human Geography, 2003,27(5):666-668.

[222] Elwood S, Leitner H. GIS and Spatial Knowledge Production for Neighborhood Revitalization: Negotiating State Priorities and Neighborhood Visions[J]. Journal of Urban Affairs, 2003,25(2):139-157.

[223]Goodchild M F. Geographic information science and systems for environmental management [J]. Annual Review of Environment and Resources, 2003,28(1):493-519.

[224]Feick R, Hall B. A method for examining the spatial dimension of multi-criteria weight sensitivity[J]. International Journal of Geographical Information Science, 2004,18(8): 815-840.

[225] Harrison C, Haklay M M. The Potential of Public Participation Geographic Information Systems in UK Environmental Planning: Appraisals by Active Publics [J]. Journal of Environmental Planning & Management, 2002,45(6):841-863.

[226]Silk J. The Dynamics of Community, Place, and Identity[J]. Environment & Planning A, 1999,31(1):5-17.

[227]Beamish A. Communities on-line: Community-based computer networks[J]. Massachusetts Institute of Technology, 1995.

[228] Aberley D, Sieber R. Public participation GIS (PPGIS) guiding principles: First International PPGIS Conference held by URISA, Rutgers University, New Brunswick, New Jersey, 2002[C].2002.

[229]Stillwell J, Geertman S, Openshaw S. Geographical Information and Planning: European Perspectives[M]. New York: Springer, 1999.

[230] Longley P A, Goodchild M F, Maguire D J, et al. Geographical Information system, Volume 2, Management Issues and Applications[M].唐中实等, 译.北京:电子工业出版社, 2004.

[231] 王福兴. 社会转型和大众的政治参与——英国个例分析[J]. 北方论丛, 2001(2): 48-52.

[232] 王沪宁. 比较政治分析[M]. 上海: 上海人民出版社, 1987.